西南干旱河谷区耕作侵蚀理论与实践

张泽洪　王　勇　张建辉　著

U0225809

科 学 出 版 社

北 京

内 容 简 介

土壤侵蚀已经成为全球生态环境面临的主要问题。耕作侵蚀作为坡耕地土壤侵蚀的重要影响因素之一，对西南干旱河谷区土壤侵蚀产生了不可忽视的作用。本书从坡耕地耕作侵蚀作用机制入手，以西南干旱河谷区为研究区域，基于大量的野外调查、模拟耕作试验、室外原位冲刷试验，应用土壤科学、土壤侵蚀学、水土保持学、水文学等学科理论和方法，较为系统地探讨了该区域坡耕地耕作侵蚀的基本特征、耕作侵蚀作用下坡面土壤水文过程、坡面侵蚀产沙特征及耕作侵蚀对区域主要水土保持措施的响应。

本书适合从事耕作研究的工作人员和科研人员参阅和学习，也可以作为高等学校环境工程、农业工程、土壤学等专业相关课程的重要参考资料。

图书在版编目（CIP）数据

西南干旱河谷区耕作侵蚀理论与实践/张泽洪，王勇，张建辉著.
北京：科学出版社，2024.8. -- （干旱河谷土壤侵蚀与生态修复）.
ISBN 978-7-03-079167-2

Ⅰ. S157

中国国家版本馆 CIP 数据核字第 2024LG7014 号

责任编辑：刘　琳 / 责任校对：彭　映
责任印制：罗　科 / 封面设计：墨创文化

科 学 出 版 社 出版

北京东黄城根北街16号
邮政编码：100717
http://www.sciencep.com

成都锦瑞印刷有限责任公司 印刷
科学出版社发行　各地新华书店经销
*

2024 年 8 月第 一 版　　开本：787×1092 1/16
2024 年 8 月第一次印刷　　印张：9 1/2
字数：230 000
定价：118.00 元
（如有印装质量问题，我社负责调换）

前　言

　　坡耕地土壤侵蚀除了受到地质地貌、土壤植被、水文气候等环境因子的影响外，还受到人为活动的强烈影响。坡耕地上人类耕作活动造成的土壤侵蚀与水蚀基本相当，耕作侵蚀在驱动坡耕地土壤侵蚀过程中起着重要的作用，是农业景观演化的主要驱动力。20世纪40年代，学者们认识到自耕作侵蚀存在以来，耕作侵蚀在世界范围内受到广泛关注，并逐步成为土壤侵蚀领域研究热点。随着坡耕地耕作侵蚀过程及其机理研究的不断深入，坡耕地上水蚀和耕作侵蚀的相互作用过程已成为新的研究方向。我国西南干旱河谷区是长江流域上游产沙贡献最大的地区，其复杂多变的地貌类型、特殊的气候和不合理的人为耕作活动使该区坡耕地土壤侵蚀呈现出类型的多样性和过程的复杂性。目前，有关该区域的土壤侵蚀研究未能从根本上阐明坡耕地土壤侵蚀机理和过程，不能为有效治理该区域水土流失提供科学依据。因此，深入研究西南干旱河谷区坡耕地耕作侵蚀过程及其机理，揭示耕作侵蚀与水蚀的相互关系，有利于解决该区域水土流失问题，丰富坡面土壤侵蚀研究理论。

　　本书以西南干旱河谷区为研究区域，以野外调查、原位模拟耕作试验、室外原位冲刷试验为技术手段，基于大量野外调查和模拟试验数据，深入研究了西南干旱河谷区坡耕地耕作侵蚀的基本特征、耕作侵蚀作用下坡面产沙过程及其机理、坡面侵蚀—沉积—搬运过程，以及水蚀作用下耕作土壤侵蚀、搬运、沉积特征。这些内容皆是当前坡耕地耕作侵蚀过程研究的主要内容，也是国际上耕作侵蚀研究关注的热点和前沿。

　　本书是在张泽洪所完成的博士学位论文的基础上，融合了张建辉研究员和王勇教授众多研究成果而完成的。同时，西南科技大学李富程副教授、中国科学院地理科学与资源研究所贾立志博士、中国水利水电科学研究院许海超博士等为本书编著提供了大量支持与帮助，在此对他们付出的劳动表示诚挚的感谢。

　　本书是在西华师范大学学术著作出版资助项目、西华师范大学校级基本科研业务费资金资助(西南干旱河谷区坡耕地土-根复合体对土壤的阻控机制研究)、西华师范大学博士启动项目(坡面水蚀对耕作侵蚀的影响)、国家自然科学基金面上项目(土壤耕作迁移对坡面水连通性与细沟侵蚀的影响机理)和四川省干旱河谷土壤侵蚀监测与控制工程实验室共同资助下出版，在此表示衷心感谢！

　　限于作者的知识和能力，书中难免有疏漏之处，敬请读者批评指正。

目　　录

第一章　耕作侵蚀概述 …………………………………………………………………… 1

第一节　耕作侵蚀的概念 ……………………………………………………………… 1

一、农业生产与耕作 …………………………………………………………… 1

二、耕作制度 …………………………………………………………………… 1

三、土壤耕作的本质与任务 …………………………………………………… 2

四、耕作侵蚀概念 ……………………………………………………………… 3

第二节　耕作侵蚀的危害 ……………………………………………………………… 4

一、坡耕地土壤侵蚀增大 ……………………………………………………… 4

二、坡地土壤养分流失 ………………………………………………………… 5

三、土壤性质变化 ……………………………………………………………… 5

四、农作物产量降低 …………………………………………………………… 6

五、坡面水蚀加快 ……………………………………………………………… 6

第三节　耕作侵蚀的影响因素 ………………………………………………………… 7

一、耕作侵蚀力 ………………………………………………………………… 7

二、地形可蚀性 ………………………………………………………………… 10

三、土壤可蚀性 ………………………………………………………………… 11

第四节　耕作侵蚀研究历史 …………………………………………………………… 11

一、萌芽阶段(1992 年之前) …………………………………………………… 11

二、缓慢发展阶段(1992～1999 年) …………………………………………… 12

三、快速发展阶段(2000～2006 年) …………………………………………… 12

四、综合研究阶段(2006 年以后) ……………………………………………… 13

第二章　耕作侵蚀国内外研究进展 …………………………………………………… 15

第一节　国外耕作侵蚀研究实践 ……………………………………………………… 15

一、耕作侵蚀定义 ……………………………………………………………… 16

二、耕作侵蚀的研究方法 ……………………………………………………… 16

三、耕作侵蚀对土壤质量、作物产量的影响 ………………………………… 18

第二节　黄土高原区耕作侵蚀研究 …………………………………………………… 19

一、黄土高原地区耕作侵蚀研究概况 ………………………………………… 19

二、黄土地区坡耕地的耕作侵蚀空间分布特征 ……………………………… 19

三、耕作侵蚀对总土壤侵蚀的贡献 …………………………………………… 20

　　四、耕作侵蚀对土壤特征及养分的影响 ································ 20

　第三节　西南紫色土区耕作侵蚀研究 ································ 22

　　一、研究方法 ··· 22

　　二、紫色土区耕作侵蚀影响因子 ································· 23

　　三、紫色土耕作侵蚀的环境效应 ································· 25

　第四节　东北黑土区耕作侵蚀研究 ·································· 27

　　一、耕作侵蚀定量研究 ··· 27

　　二、耕作侵蚀与水蚀空间格局 ····································· 28

　　三、耕作侵蚀对土壤养分的影响 ································· 28

　第五节　耕作侵蚀的研究趋势 ······································ 29

　　一、研究耕作侵蚀和水蚀的相互作用 ····························· 29

　　二、开展时空多尺度综合研究 ····································· 29

　　三、耕作侵蚀的模型构建 ··· 29

　　四、耕作侵蚀相关标准的制定 ····································· 30

第三章　耕作侵蚀的评价 ·· 31

　第一节　耕作侵蚀的定量评价 ······································ 31

　　一、耕作位移的定量评价 ··· 31

　　二、耕作侵蚀的定量评价方法 ····································· 32

　　三、耕作侵蚀评价的时间尺度 ····································· 34

　第二节　耕作侵蚀效应评价 ·· 35

　　一、影响地形景观演变 ··· 35

　　二、影响坡面土壤理化性质 ······································· 36

　　三、影响坡面水文特征 ··· 39

　　四、影响水蚀 ··· 40

　第三节　耕作侵蚀模型 ·· 40

　　一、耕作位移模型 ··· 41

　　二、耕作传输量模型 ··· 42

第四章　西南干旱河谷区耕作侵蚀研究 ································ 44

　第一节　研究区概况 ·· 44

　第二节　云南东川干旱河谷区 ······································ 44

　　一、云南东川干旱河谷区概况 ····································· 44

　　二、试验设计与计算方法 ··· 45

　　三、土壤耕作侵蚀的分布特征 ····································· 47

　第三节　云南元谋干热河谷区 ······································ 49

　　一、研究区域概况 ··· 49

　　二、试验区选择与试验设计 ······································· 50

　　三、耕作深度的影响 ··· 50

　　四、坡度因子与坡长因子共同作用下的耕作侵蚀特征 ··············· 51

　　五、耕作角度的影响 ··· 53
　第四节　四川凉山州干旱河谷区 ··· 56
　　一、根系特征与耕作侵蚀 ·· 56
　　二、研究区概况 ··· 57
　　三、试验设计与选点 ·· 58
　　四、试验方法 ··· 58
　　五、研究结果 ··· 59
　第五节　干旱河谷区耕作侵蚀特征差异 ··· 61
　　一、耕作位移差异 ·· 61
　　二、耕作侵蚀差异 ·· 64
第五章　干旱河谷区耕作侵蚀对水蚀的作用机制 ··································· 67
　第一节　试验设计与方法 ··· 67
　　一、流量处理 ··· 68
　　二、上坡侵蚀区试验处理 ·· 68
　　三、沉积区耕作位移处理 ·· 70
　　四、冲刷试验与泥沙收集 ·· 70
　　五、水力学参数的计算 ·· 71
　第二节　侵蚀区耕作位移对坡面水蚀的影响 ······································ 72
　　一、耕作侵蚀引起的坡面产流产沙变化 ·· 72
　　二、耕作侵蚀作用下坡面产沙率与产流率的关系 ································· 81
　　三、耕作侵蚀对坡面水动力参数的影响 ·· 84
　　四、结论 ··· 87
　第三节　沉积区耕作位移对坡面水蚀的影响 ······································ 89
　　一、耕作位移对坡面产流产沙的影响 ·· 90
　　二、坡面产沙率与产流率的关系 ·· 95
　　三、耕作位移对坡面水动力参数的影响 ·· 96
　　四、结论 ··· 98
第六章　干旱河谷区坡耕地水蚀对耕作侵蚀的影响 ································ 100
　第一节　试验设计与方法 ·· 100
　　一、模拟耕作试验 ·· 100
　　二、三维激光扫描技术 ··· 102
　第二节　水蚀强度对耕作侵蚀的影响 ··· 103
　　一、不同水蚀强度的耕作侵蚀特征 ·· 103
　　二、不同水蚀强度的三维数字地形特征 ·· 104
　　三、耕作侵蚀的两种测定方法比较 ·· 106
　第三节　坡度对耕作侵蚀的影响 ·· 107
　　一、不同坡度下的耕作侵蚀特征 ·· 107
　　二、耕作侵蚀的两种测定方法比较 ·· 108

　　第四节　耕作方向对耕作侵蚀的影响 ················· 110

　　　一、不同耕作方向的耕作侵蚀特征 ················· 110

　　　二、耕作侵蚀的两种测定方法比较 ················· 111

　　第五节　结论 ··································· 114

第七章　耕作侵蚀的控制方法 ······················· 115

　　第一节　地形因子调控 ··························· 115

　　　一、坡度因子调控 ····························· 115

　　　二、坡长因子调控 ····························· 117

　　　三、坡度和坡长协同控制作用 ··················· 117

　　第二节　耕作工具的选择 ························· 118

　　　一、人力耕作工具选择 ························· 118

　　　二、畜力耕作工具选择 ························· 119

　　　三、机械耕作工具选择 ························· 120

　　第三节　耕作深度与方向的选择 ··················· 120

　　　一、耕作深度 ······························· 120

　　　二、耕作速度与强度 ························· 123

　　　三、耕作方向 ······························· 124

第八章　耕作侵蚀的农业生产与环境效应 ············· 125

　　第一节　耕作侵蚀的农业生态环境意义 ············· 125

　　　一、土壤侵蚀的农业生态效应 ··················· 125

　　　二、耕作侵蚀的农业生产意义 ··················· 126

　　　三、耕作侵蚀的水土环境意义 ··················· 128

　　第二节　控制耕作侵蚀的生态环境效益 ············· 129

　　　一、地形因子控制效益 ························· 129

　　　二、耕作方式控制水土效益 ····················· 130

　　　三、耕作工具控制效益 ························· 131

　　第三节　控制耕作侵蚀的农业经济效益 ············· 132

　　　一、土地整理的农业经济效益 ··················· 132

　　　二、保护性耕作的农业经济效益 ················· 132

　　　三、机械改造与创新的农业经济效益 ············· 133

参考文献 ······································· 134

第一章 耕作侵蚀概述

第一节 耕作侵蚀的概念

一、农业生产与耕作

农业是利用动植物的生长发育规律，通过人工培育农产品的产业。按照产业划分，农业在国民经济产业结构中属于第一产业，是国民经济建设和发展的基础产业。农业活动的主要对象是具有生命的动植物以及具有生产能力的土地。农业生产主要是土壤通过其肥力，将农业生物转化为自然资源的过程，为人类生存发展提供必要的物质条件。农作物生产是农业生产的主体部分，也是农作物在土壤环境下，利用光合作用，结合水、温度等环境条件进行生产的过程。

在农作物生长发育所需的各种条件中，养分、水分主要由土壤提供，因此，土壤既是植物赖以生存的物质基础，也是使植物直立的支撑物。肥沃的土壤能满足植物对水、肥、气的需求，土壤既是这些物质的主要源泉，也是各种物质转化的场所。

农作物在生长过程中需要借助于太阳辐射、降水、大气、气温变化和土壤等年复一年地提供所需养分，为了使土壤在农业生产过程中更好地提供作物所需，还需要对土壤进行翻耕，即耕作。

二、耕作制度

在土壤供给生物生长养分的过程中，土壤的结构、理化性质会发生改变，导致肥力下降，土地生产能力降低。特别是多年种植农作物的土地，在诸多农业技术措施的影响下，土壤内部每时每刻都在发生细微变化，有时朝着有利于作物生长的方向发展，有时候也会抑制作物生长。因此，为了维持和提高土地的生产能力，在农业生产过程中，需要通过人为干扰，不断提高土壤肥力，满足作物生长需要。根据作物生长发育自然规律，做好土壤物理、化学和生物方面的调节工作。比如由于土壤养分的不均衡性，为了满足某种作物对不同养分的需要，需要补充土壤中不足的营养元素，进行必要的施肥；为了满足作物对水分的需要，需要供给足够的水分或者排除土壤中多余的水分，进行灌或排水。尽管这些措施一定程度上可以改善农作物生长所需养分，但是仍然满足不了不同作物对水分、养分和热量不断变化的需求。因此，需要定期采用机械的办法改善土壤的物理状况，从而改变土壤中的化学和生物学特征，以调节土壤中的肥力影响因素，充分发挥自然界中水分、养分、空气和热量对作物生长发育的有利作用，这个过程就是土壤耕作[1]。长期种植庄稼，可能导致土壤板结，需要通过耕作翻土改善土壤结构，增加土壤透气性，有利于作物水分、养分的吸收。这一耕作方式和方法通常称作耕作措施和耕作制度。土壤耕作是为了满足农作物生长发育对土壤的要求，采取机械的方法，改变土壤的物理性质，构建良好的耕作层，以调节土壤中的水分、养分、空气、温度和微生物，消灭杂草和病虫害，提高土壤肥力，增强土地生产能力。

耕作制度是指一个地区或者生产单位农作物的种植制度以及与之相适应的一整套技术体系，其包括两个主要内容，一是农作物的种植制度，包含三个成分：①根据作物的环境适应性和生产条件，确定作物结构和布局，即解决种什么、种在哪儿的问题；②复种与休闲，即一年种几季或者几年种几次的问题；③种植方式，即如何种的问题，包括间作、套种与单作、轮作与连作等。二是与种植制度相适应的一整套技术，这套技术在不同地区和不同种植制度下均有差异，大致包括农业建设、土壤培肥制度、土壤耕作制度、生产工具即机械的运用制度等[2]。这一整套技术的核心是围绕土地生产力，最终目的是提高农作物产量。显然土壤耕作制度是耕作制度的主要手段之一。

在人类历史进程中，土壤耕作的历史可追溯到原始社会的氏族社会，随着农业生产的产生而出现。土壤耕作技术的发展根据农具及机械力可分为三个阶段[3]。第一阶段是耦耕期，即人类最初的农业活动是在原始荒地上种植，是最原始的"刀耕火种"，火耕是烧掉地上植物以露出地表土，烧荒后的草木灰用作肥料以供给作物生长所需大部分养分。随之，是"耕田反草"，利用最原始的耕具进行间歇性的翻土。第二阶段是畜力犁耕期，战国时期是人力耕作向畜力耕作转变的时期，是由耦耕向犁耕过渡的时期[3]。畜力耕作延续时间较长，某些地方至今仍然维持这种耕作方式。第三阶段是机耕期，我国开始应用拖拉机是在 1949 年以后，由于经济上的限制和地理形态的制约，其发展较慢，在家庭联产承包责任制以后，拖拉机的应用蓬勃发展，小型拖拉机应用较为广泛。在经济高速发展、农村经济发展较快的今天，农村劳动力大量转移，土地整理使得我国农村实行机械化耕作成为一种普遍趋势。

三、土壤耕作的本质与任务

土壤耕作的本质是利用机械力、自然力及生物力(根系的穿插、微生物的活动等)，通过翻、松、压手段，创造良好的耕层构造及孔隙比例，调节土壤中肥力各因素间的矛盾，并尽量减少水分及养分的无效损失，最大限度地满足作物对水肥的要求[3]。土壤耕作主要有以下几点任务。

(1)为作物创建适宜的耕作层土壤肥力，能够有效协调出固态、液态、气态比例适宜的环境。通常情况下，土壤的三相比例取决于土壤空隙状况。不同的气候、土壤、季节，作物对三相的需求是有差异的，雨季需要更多的非毛管空隙以便于雨水入渗，而旱季需要毛管空隙多一些，以便于储水保水。因此需要根据具体情况选用相应的耕作措施。

（2）加深耕层，翻转土壤。耕层深厚有利于保肥、保水、作物根系下扎。翻转耕层可将上层熟土翻到底层，将底层生土移到上层，再通过施肥等措施使其熟化从而使耕层加深。翻转耕层还可将土壤混匀，避免养分分配不均。作物残茬和有机肥料被翻入土层中后，还有利于播种。

（3）抑制杂草和病虫害。土地中的杂草不仅与作物争夺水分、养分，也争夺阳光。作物病虫害对作物的威胁更大，尽管目前通过除草剂能有效去除杂草，但会对土壤和水环境造成损害，也会对人类健康产生危害。最安全的方法是通过耕作措施直接杀死杂草或将杂草种子、虫卵、病菌深埋入土。

（4）可以改变地面微地形。在不同地形条件下，作物生长所需环境不同。北方地区需要耕作进行开沟起垄，改变阳光入射角，提高地温，有利于作物生长；在多雨的南方地区，需要起垄有利于排水，更重要的是在南方或者西南山区，地形坡度较大，需要采取逆坡耕作、等高耕作等措施以遏制坡面土壤侵蚀，否则坡面土壤侵蚀会直接造成坡面土壤养分流失。

四、耕作侵蚀概念

（一）耕作侵蚀的提出

耕作侵蚀伴随着人类对坡耕地的耕作而产生，然而人类在很长时间内对耕作侵蚀都没有足够的认识；在坡面土壤侵蚀认识过程中，人们更注重坡面水力侵蚀（简称水蚀），常常忽略耕作侵蚀的存在或者影响。直到 20 世纪 40 年代，才出现有关耕作侵蚀的报道[4]，但也并未引起土壤科学家的足够重视。20 世纪末，随着经济和科技飞速发展，农业机械大面积推广，人类活动加剧，水土流失导致的一系列农业、环境问题出现，人们开始重视坡面土壤侵蚀中人类因素的影响，耕作侵蚀的影响才日益得到科学家的重视，如在紫色土地区长期顺坡耕作后，坡面上部某些部位可见基岩裸露，另外，坡面上部某些景观附近出现了显著的"跌坎"高差，表土流失甚至心土裸露[5]。

（二）耕作位移和侵蚀的概念

1. 耕作位移

耕作位移是指由于耕作造成土壤相对原有位置发生的移动，一般用相对于耕作方向上发生的土壤位移量来表达，即每米耕作宽度上土壤与耕作方向一致的土壤位移量或者每米耕作长度土壤侧向（与耕作方向垂直）的输送量（kg·m^{-1}）。为了简化，耕作位移也可以用平均耕作位移距离来表示，即用耕作土壤顺坡或者侧向（垂直于坡向）发生的移动距离来表示。从耕作整个过程来看，耕作位移是一种三维的运动，耕作方式包括垂直于等高线、平行于等高线和垂直于地面，目前研究较多的是造成明显危害的垂直于等高线和平行于等高线两种耕作方式，而垂直于地面的土壤位移主要侧重于土壤养分的垂直迁移，因此，对于耕作侵蚀来说，顺坡发生的土壤位移和垂直于耕作方向的土壤位移是主要的研究内容。

2. 耕作侵蚀

耕作侵蚀是在坡耕地景观区域内，由于农业活动的需要，在农耕工具和重力作用下引起的耕作运动，使得坡面土壤再次发生运动，导致净余土壤量向下坡传输、堆积，重新分配[6,7]，单次耕作的耕作侵蚀量用单位面积的净土壤传输量来表示（单位为 $t\cdot hm^{-2}$）。国外利用土壤侵蚀中成熟的 [137]Cs 技术在小区域和小流域测定的结果表明：通过放射性元素 [137]Cs 在坡面的分布特征发现，未耕作坡面其上坡的 [137]Cs 浓度明显比耕作后上坡的 [137]Cs 浓度高，而在下坡 [137]Cs 浓度则比耕作后的坡面明显低；通过研究发现，这是由于人类在坡面耕作活动造成的影响，表明在坡面耕作过程中，坡面上坡表层富含 [137]Cs 的土壤向下坡运动，导致上坡 [137]Cs 浓度显著降低，富含 [137]Cs 的土壤被搬运到下坡堆积[7]。耕作坡面和未耕作坡面上的 [137]Cs 浓度在坡面的空间分布差异有力证明了坡面耕作侵蚀的存在。另外，在国内不同坡面景观位置的耕作试验研究也证实了这一现象，比如王占礼[8]在黄土高原坡地的研究；Zhang 等[9]在紫色土坡耕地的研究。

早在 1929 年，国外就有关于耕作引起土壤位移（耕作侵蚀）的报道。1942 年 Mech 和 Free[4]共同发表了第一篇关于不同耕作工具引起不同的土壤移动的文章。随后很长一段时间没有关于耕作侵蚀的研究报道，研究基本趋于停止。直到 20 世纪 80 年代末 90 年代初，几个西欧和北美的研究者才开始研究耕作引起的土壤位移及其相关的侵蚀，很快引起国际上的广泛关注，耕作侵蚀研究在全世界范围迅速开展起来。

第二节　耕作侵蚀的危害

耕作侵蚀和其他土壤侵蚀一样，主要反映土壤对原位置的离开，即土壤相对于原有位置发生变动。耕作侵蚀并不是土壤直接从田间地块流失，在复合地形地区，土壤从坡地的凸部流失，而在凹部沉积；在线性坡地上土壤从坡耕地的顶部运动到中部，再在坡脚堆积[10,11]。在平坦的耕地上，单次耕作只产生耕作位移，往复耕作后，由于地形平坦不会导致土壤发生明显的传输。在坡耕地上，耕作侵蚀最直接的危害是导致土壤在坡面上发生再分布，导致某些土壤层严重变薄，耕作层土壤养分流失，土壤肥力在坡面发生明显变化。目前，耕作侵蚀的危害主要有坡耕地土壤侵蚀增大、坡地土壤养分流失、土壤性质变化、农作物产量降低、坡面水蚀加快等。

一、坡耕地土壤侵蚀增大

耕地上的农业耕作活动一般都会发生不同程度的耕作侵蚀，而在陡坡地采取不科学的耕作措施和手段会导致更严重的坡面耕作侵蚀。在国外，美国机械化农耕区的北部，每年耕作导致的土壤流失量就超过 $150 t\cdot hm^{-2}$[12]。在四川紫色土区坡耕地线性坡上单次顺坡锄耕耕作侵蚀速率达 $(65\sim97) t\cdot hm^{-2}\cdot a^{-1}$[13]，长期的锄耕导致在坡顶只有很薄的土壤层，甚至在一些陡坡的坡顶有母岩或者母质裸露，而在坡底底部由于土壤聚集，土壤厚度明显增厚，从坡顶到坡脚，土壤厚度与到坡脚的距离呈正相关关系。我国黄土高原地区坡耕地的耕作试验表明，凸出部位的耕作侵蚀速率达$(26\sim89)$ t·hm^{-2}·a^{-1}[14]。无论采取何种耕作工具，只要在坡耕地上不科学的耕作均会产生耕作侵蚀，耕作次数越多，导致的耕作侵蚀越严重。关于四川紫色土的研究表明，耕作次数越多其耕作位移量越大，20 次耕作后，在上坡和中坡部位的耕作层土壤厚度明显减少[15, 16]，表明造成了更强烈的侵蚀。

二、坡地土壤养分流失

由于坡地地表地形起伏，长期的耕作导致土壤位移，使得凸性部位的土壤被运送到有利于水力搬运的部位，因为耕作层土壤养分富足，凸部耕作层土壤的搬运直接造成养分随土壤搬运到其他凹部，造成养分流失，使得坡地土壤自然成土过程受到干扰，造成坡地土壤养分发生空间变异，耕作侵蚀 15 年后，碱解 N、速效 K、有机质的含量及阳离子交换量将在耕作侵蚀区呈减少趋势，在耕作沉积区呈增加趋势[17]。英国的研究表明耕作侵蚀与土壤养分基本呈显著相关关系[18]。黄土高原坡耕地的连续 50 次畜耕的试验结果表明，坡耕地上部侵蚀最严重区域坡面下降了 1.25m，在坡地底部堆积最多的地面上升了 1.33m，耕作侵蚀使土壤厚度、容重和质地等物理性质和土壤养分产生严重影响，造成坡耕地景观上坡位置土壤肥力直接下降，而在下坡到坡脚位置土壤肥力集中堆积，土壤营养元素处于过剩状态，在降雨时，径流在下坡集中使得养分被淋失搬运出坡耕地，整个坡面土壤肥力降低，同时造成沟道和河流、湖库水土环境污染[14, 19, 20]。

三、土壤性质变化

耕作侵蚀引起土壤性质产生显著变化，随着耕作强度的增大，土壤异质性增大。耕作侵蚀导致坡耕地上部表层土壤容重增加，中下部土壤容重降低[19]。Kosmas 等[21]研究表明耕作侵蚀最严重的位置是凸坡，其土层最薄，砂砾含量较高，但土壤黏粒含量低，而在凹坡部位土层深厚，土壤黏粒含量高。美国明尼苏达州的研究表明，耕作后每个部位的 $CaCO_3$ 含量均会发生变化，长期耕作侵蚀导致侵蚀区犁底层土壤中 $CaCO_3$ 被大量混入耕作层，使得耕作层 $CaCO_3$ 含量升高、pH 升高，有机质含量减少，而沉积区的土壤 $CaCO_3$ 含量降低，pH 降低，有机质含量升高[22]。王占礼等[17]通过在黄土高原的模拟耕作实验预测，在耕作侵蚀作用下碱解 N、速效 K、有机质及阳离子代换量的含量将在耕作侵蚀区呈减少趋势，在耕作沉积区呈增加趋势。Li 等[19]在黄土高原坡耕地上进行连续 50 次畜耕试验表明，在坡耕地上部到中部平均有机质含量从 8.3g·kg^{-1} 减少为 3.6g·kg^{-1}，碱解 N 含量从 43.4mg·kg^{-1} 减少为 17.4mg·kg^{-1}，交换态 P 含量从 4.5mg·kg^{-1} 减少为 1.0mg·kg^{-1}。大量观测研究表明长期耕作导致景观内有机碳的空间产生变异，使有机碳含量在侵蚀区低于沉积区[17]。Zhang 等[23]在川中丘陵区的模拟耕作实验表明随着耕作次数的增加，SOC(soil organic carbon, 土壤有机碳)储量在上坡减小，而在下坡增加。Li 等[24]通过模型模拟耕作位移表明，耕作使土壤侵蚀区有机碳含量在耕层随耕作次数增加而逐渐降低,而在土壤沉积区亚表层有机碳浓度则增加。

四、农作物产量降低

耕作侵蚀对土壤肥力的不利影响主要表现为上坡位土壤养分流失,下坡位土壤养分堆积,因此,耕作侵蚀导致的土壤养分空间变异,最终反映到作物生产量上,无论是耕作侵蚀导致的土壤厚度、容重、质地等物理性质的改变还是有机质、N、K 等营养元素的改变都会直接影响作物产量。首先,耕作导致最肥沃的土壤表层被侵蚀掉,土壤厚度降低,便失去作物生长最基础的物质条件,造成减产。加拿大坡耕地的耕作试验研究结果表明,凸面景观位置土壤侵蚀严重,土壤厚度降低,最终导致农作物减产 40%~50%,如果以凸面斜坡年平均产量损失占该数值一半计算,耕作侵蚀造成凸面坡位作物产量损失占研究景观总产量损失的四分之一,耕作侵蚀每年引起的作物减产占整个地区作物产量总损失的 5%[25]。丹麦耕作试验结果表明,以 ^{137}Cs 表征的耕作侵蚀与作物产量有显著负相关关系,耕作位移越大,其作物产量越低。由耕作侵蚀导致的这种损失在集约型农业耕作地区每年达几千万美元。同时,耕作侵蚀增加了土壤的变异性,导致生产投入提高,增大了产品成本。而且耕作侵蚀降低了化肥、农药的有效利用率,加剧了对地表水资源的污染[26]。

中国西南丘陵区紫色土坡耕地的研究表明,同一坡地不同坡位的农作物产量存在明显差异,由于连年的耕作,坡顶的耕作土壤层厚度仅有坡底部的 30%,最终导致坡顶部的作物产量仅有坡底部的 50%[10]。

五、坡面水蚀加快

目前,耕作侵蚀对水蚀的影响究竟是促进作用还是削弱作用,尚未达成一致。Garrity[27]研究认为,由于植物篱的拦截作用,耕作引起土壤在下坡堆积,从而降低坡度达到削弱水蚀的作用。Poesen 等[28]研究认为,砾石土耕作侵蚀削弱了径流侵蚀。Dercon[29]等在厄瓜多尔的安第斯山地区研究表明,由于植物篱的存在,耕作使坡度减缓,坡地逐渐演变成梯地,有利于减弱水蚀作用。希腊雅典地区的耕作试验表明,侵蚀部位土层变薄,土壤储水能力变小,增加了水蚀[21]。在疏松和翻转整个耕层的过程中,耕作不仅导致土壤向下坡移动,同时改变了耕层土壤理化性质,削弱了土壤抗蚀性,间接促进了水蚀的发展[30,31]。Wang 等[32]在重庆忠县地区进行的模拟降雨试验表明,强烈耕作侵蚀导致上坡土层变薄,增大坡面产流,增强坡面产沙,同时也为坡面径流提供物源。耕作侵蚀使可蚀性高的心土或亚表土层出露地表,加速了土壤水蚀和风蚀。耕作侵蚀具有对水蚀输送物质的作用机制,将土壤输送到地表径流会聚的区域,即细沟和集水地带。对细沟侵蚀的物质输送来说,耕作侵蚀所起的作用要比细沟间侵蚀所起的作用更大。

第三节　耕作侵蚀的影响因素

耕作侵蚀的主要影响因素包括地形特征、耕作工具的类型和操作方式、土壤自身特征。将这些影响因素进行分类，可以分为地形特征、土壤特性和耕作侵蚀力(tillage erosivity)，地形特征和土壤特性称为土壤景观可蚀性(landscape erodibility)，包括地形可蚀性和土壤可蚀性[25]，耕作侵蚀力指耕作工具操作侵蚀土壤的能力[33]。地形可蚀性主要指坡长和坡度等；土壤可蚀性主要包括土壤容重、土壤含水量、土壤结构、植物根系密度与形态和土壤有机碳含量等土壤的物理性质和化学性质；耕作侵蚀力主要包括耕作方向、耕作次数、耕作深度、耕作速度、耕作工具等(表 1.1)。这些影响因素也可以分为人为因素和自然因素，人为因素主要是指耕作方向、工具、次数、深度等耕作侵蚀力，自然因素主要是指地形和土壤理化性质。影响耕作侵蚀的各因素之间并非是单独起作用，而是相互影响共同作用对耕作侵蚀产生影响。比如耕作工具可以调节耕作深度、耕作速度和耕作方向，共同影响土壤位移，不同耕作方向通常由农民进行调节，耕作深度则是根据种植需要、土壤本身特征和耕作工具进行调节。

表 1.1　耕作侵蚀影响因素

耕作侵蚀力	地形可蚀性	土壤可蚀性
耕作工具(类型、形状)	坡度	气候-降水
耕作动力(机械、人力)	坡长	土壤容重
耕作速度	坡面曲率	土壤质地
耕作方向(顺坡、逆坡、等高)		土壤结构
耕作深度		土壤含水量
耕作次数		植物根系密度与形态
		土壤有机碳含量
		植被覆盖、类型
		田块大小

一、耕作侵蚀力

(一)耕作工具

耕作作用下，土壤在坡面的运动主要由耕作工具带动土壤运动，因此，直接作用于土壤的耕作工具的形状、大小和动力都会影响土壤耕作侵蚀。已有的研究表明不同耕作工具采用的动力不同，在不同耕作深度、耕作方向和耕作速度差异下，最终会产生较大差异(表 1.2)。研究表明尺寸较小的凿型犁相对于铧犁可以有效减少耕作侵蚀，双齿锄和窄锄相对于传统宽锄可以减少土壤耕作传输(表 1.2)[34, 35]。因为耕作工具的形状和尺寸直接影响土壤和耕作工具的接触面积和运动方向，接触面积越大，耕作侵蚀越严重[36]。很多学者发现大型机械耕作引起的耕作侵蚀比非机械化耕作大很多，因为大型机械的耕作深度较大，且引起的土壤运动速度较高[37]。当然，不同地区土壤特性不同，所采取的耕作工具也不同，例如中国云南东川河谷坡耕地，由于处于河谷低矮位置，耕地富含砾石，农民长期实践后，为了便于耕作，采取双齿锄，耕作深度也较浅，基本低于 0.10m[34]。小型旋耕机耕作深度较浅，其产生的耕作侵蚀也明显小于其他耕作工具产生的耕作侵蚀；而机械铧犁比畜力做动力的铧犁耕作深度更深，位移距离更大，产生的耕作侵蚀也更大(表 1.2)。

表 1.2　不同耕作工具的耕作侵蚀

耕作工具	动力	坡度范围/(10^{-2})	耕作方向	耕作速度/($m \cdot s^{-1}$)	耕作深度/m	平均耕作位移/m	平均耕作传输系数/($kg \cdot m^{-1}$)
宽锄		5～46	顺坡	—	0.18	0.29	70.03
窄锄	人力	5～44	顺坡	—	0.18	0.25	62.05
双齿锄		5～46	顺坡	—	0.18	0.25	62.34
铧犁	畜力	7～31	顺坡	—	0.16	0.31	70.54
		4～30	等高	—	0.16	0.23	53.06
		6～28	逆坡	—	0.15	0.24	52.81
小型旋耕机	机械	8～31	顺坡	0.45	0.10	0.08	11.40
		7～29	等高	0.44	0.10	0.08	11.53
		7～31	逆坡	0.28	0.10	0.06	7.59
铧犁	机械	3～13	顺坡	1.94	0.34	0.34	91.54
		2～9	逆坡	1.94	0.27	0.27	65.85
凿型犁	机械		顺坡	3.4～3.6	0.11		75.00
					0.19		27.00

注：此表数据来源于文献[38]。

(二)耕作动力

耕作侵蚀是诸多影响因子综合作用的结果，在人类进行耕作活动历史发展过程中，从最开始的人力到畜力，再到今天常见的机械力，经历了较长时间。耕作侵蚀在此发展历程中一直存在，因此耕作侵蚀程度和强度以及其动力发展历史能较好地说明耕作侵蚀的发展特征。就耕作侵蚀发生的动力作用来说，主要分为人力(畜力)耕作侵蚀和机械力耕作侵蚀。在机械化耕作区，主要的耕作工具是模板犁与凿型犁[38]，在非机械化耕作区，主要的耕作方式为锄耕以及牛拉犁耕作，它们的耕作传输系数代表了各个坡度上产生的耕作侵蚀差异。

1. 机械化耕作

(1)模板犁。模板犁是机械化耕作区最常见的耕作工具,在耕作过程中,模板犁产生的土壤耕作位移主要是沿耕作方向和垂直于耕作方向。在实际耕作活动中农民常常采用以下两种耕作方向:①沿着坡面最陡方向进行顺坡与逆坡交替耕作,仅考虑顺坡方向的土壤位移;②沿着等高线耕作(等高耕作),仅考虑垂直于耕作方向下坡的土壤位移。比较 10 余个国家模板犁耕作侵蚀数据得出[38],采取模板犁耕作时,受到耕作速度和耕作深度影响,并获得了非线性回归方程:

$$K = a\rho_b D^{\alpha} V^{\beta} T^{\gamma} \tag{1-1}$$

式中,K 为耕作传输系数(kg·m^{-1});ρ_b 为土壤容重(kg·m^{-3});D 为耕作深度(m);V 为耕作速度(km·h^{-1});a、α、β、γ 为系数;T 为耕作角度,当耕作方式为等高耕作时 T 值取 1,当耕作方式为顺坡-逆坡耕作时 T 值取 2。

在诸多影响因子中,耕作深度是最重要的影响因子,当耕作深度由 0.20m 上升到 0.40m 时,耕作传输量可增加 75%[39]。耕作深度对模板犁耕作导致的耕作侵蚀影响机制主要是,在耕作过程中,耕作深度越大,模板犁与土壤接触面积就会越大,从而造成更多的土壤伴随模板犁的运动而被搬运至其他位置。

(2)凿型犁。关于凿型犁进行耕作侵蚀的研究实践相对较少。凿型犁主要用在特殊的土壤和地形,其耕作深度总体上要小于模板犁的耕作深度,因此,其耕作传输系数也小于模板犁(表 1.2),其耕作传输系数与耕作深度、耕作速度等因子间的关系也可以用模板犁相同的回归方程予以表达。

2. 非机械化耕作

在地形崎岖的一些地区,锄耕和牛拉犁耕作是较为常见的耕作方式。许多的研究已表明,不仅机械化耕作会导致严重的耕作侵蚀,在坡耕地上采用人力进行的锄耕同样会导致严重的耕作侵蚀[10, 11, 13, 23, 26],在陡坡上锄耕的耕作侵蚀甚至高于机械化耕作,人力耕作造成坡顶浅薄的耕层被严重侵蚀[13]。Nyssen 等[40]指出牛拉犁耕作也会产生严重的耕作侵蚀。分析大量的耕作侵蚀研究结果发现,非机械化耕作区的单次耕作传输系数(K)为 30~150kg·m^{-1},总体上来看,非机械化耕作传输系数显著小于机械化耕作传输系数(表 1.2)。在非机械化耕作动力中,采取同样顺坡耕作方向时,牛拉犁的耕作传输系数略大于人力耕作传输系数(表 1.3)。

表 1.3　非机械化耕作区锄耕以及牛拉犁下的耕作传输系数

数据来源	研究区域	耕作工具	耕作深度/m	K	耕作方向
参考文献[221]	委内瑞拉	牛拉犁	0.200	29	等高耕作
参考文献[48]	泰国	锄头	0.085	77	顺坡耕作
参考文献[220]	菲律宾	牛拉犁	0.200	76	等高耕作
参考文献[44]	中国	牛拉犁	0.170	31	等高耕作

数据来源	研究区域	耕作工具	耕作深度/m	K	耕作方向
参考文献[40]	埃塞俄比亚	牛拉犁	0.080	68	等高耕作
参考文献[9]	中国	锄头	0.220	31(K_3); 141(K_4)	顺坡耕作
参考文献[64]	中国	锄头	0.170	37(K_3); 118(K_4)	顺坡耕作
参考文献[34]	中国	锄头	0.160	40(K_3); 78(K_4)	顺坡耕作

注: 此表数据来源于文献[38]。

(三)耕作操作

采用耕作工具进行耕作的过程中,操作方式的不同将引起耕作侵蚀的明显差异。影响耕作侵蚀的主要因素包括耕作工具进入土壤的深度、耕作方向、耕作速度和耕作强度。耕作深度越大,其接触面越大,随耕作工具带动的土壤就越多,因此造成的耕作侵蚀量就越大。耕作深度对耕作侵蚀的影响大于坡度对耕作侵蚀的影响[41],甚至决定了后续土壤的发育情况[36]。除了耕作深度外,耕作方向也严重影响耕作侵蚀,耕作方向与坡度相互作用决定土壤顺坡移动的最大距离[41]。顺坡耕作和等高耕作是坡耕地较常用的耕作方向,出于耕作时省力角度的考虑,农民普遍采用顺坡耕作,但是这种耕作会产生严重的耕作位移和侵蚀[48]。

在安第斯山南部进行的牛拉犁耕作侵蚀试验表明,耕作位移距离除了与坡度密切相关外,还与耕作角度呈负相关,其最大耕作位移距离主要在耕作方向 60°～70°[42]。我国紫色土坡耕地研究结果表明,等高耕作比顺坡耕作显著减小耕作侵蚀速率,最大达 77%[11],逆坡耕作也可显著减小耕作侵蚀速率,在连续 29 年耕作后,相比于顺坡耕作最大可减小耕作侵蚀速率 60.5%[43],复合坡的往复耕作净土壤位移比单一的线性坡耕作要小一些[44]。耕作过程中,耕作方向的变化会引起耕作深度的相应变化,最终影响耕作速率。耕作工具运动的速度会影响土壤在耕作动力作用下的运动距离,因而会影响土壤最终的位移距离。已有研究表明,耕作位移量和传输量与耕作速率呈线性正相关[45],当耕作速率从 7km·h^{-1} 降为 4km·h^{-1},耕作侵蚀速率减小 30%[48]。

二、地形可蚀性

地形可蚀性因子主要包括坡度、坡长和坡型。坡度决定了坡面土壤的稳定性,在相同耕作条件下,坡度越大坡面物质越不稳定,在重力作用下越容易发生顺坡位移,从而造成的土壤侵蚀越严重。Lindstrom 等[6]较早开展的耕作侵蚀研究就认为耕作位移和坡度之间存在线性函数关系,甚至有研究发现坡面耕作位移随坡度的增加关系是一种呈指数型的增长趋势[12]。在非线性坡的地形景观中耕作后土壤沉积发生在坡面凹形部位,而土壤损失通常发生在坡面凸出部位[47]。也就是说,在不规则的地形景观区,由于坡型复杂,通常以坡面的起伏状况来确定土壤侵蚀和沉积发生地。耕作侵蚀是耕作过程中坡面土壤沿坡面发生的运动,因此,坡长的长短最终会影响其土壤顺坡运动的距离。在其他条件相同的情况下，坡长越长，其耕作侵蚀速率越小[48]；在坡耕地上，耕作造成的土壤侵蚀通常发生在坡顶位置；中坡既存在来自上坡土壤的沉积，也同时发生土壤搬运，在二者综合影响下，其土壤位移变化较小；在下坡位置通常会接收来自中坡和上坡的土壤，常常发生沉积，若存在较长的坡长，在耕作动力作用下上坡位侵蚀的土壤极不容易被搬运到下坡或中坡，通常在上坡附近沉积下来[49]。在紫色土区坡耕地的耕作试验表明，短坡上耕作侵蚀对总侵蚀的贡献达83%，而在连续的长坡上，其贡献仅占41%[50]。可见在坡耕地上耕作侵蚀受到坡长因素的影响较大。

三、土壤可蚀性

土壤是耕作的对象，土壤本身的性质是影响耕作侵蚀的重要因素。土壤可蚀性因子主要包含土壤含水量、土壤厚度、土壤机械组成、土壤容重、土壤紧实度和土壤抗剪强度等，这些土壤因子中，对耕作侵蚀的影响差异较大。土壤含水量可影响耕作工具进入土壤的难易程度，有研究证明耕作引起的土壤位移与土壤含水量呈正相关[51]，对四川紫色土区的研究发现耕作位移与土壤水分之间没有相关性[52]。通常认为，疏松的土壤紧实度较小，容重小和抗剪度小的土壤，可蚀性较强，在耕作活动中可耕性较强，造成的耕作侵蚀也较严重[23]。也有研究发现，耕作土壤位移和土壤容重、紧实度之间无明显关系[53]，但是对四川紫色土区的研究证明了耕作过程中土壤位移与土壤抗剪度、土壤紧实度之间均呈显著正相关关系[52]。这种研究结果的差异可能是因耕作工具差异而导致的土壤传输方式的不同，另外也证实旋耕机耕作引起的土壤净位移与土壤有机质、总N、有效P含量和土壤表层砾石覆盖没有显著相关关系[52]，当然在采用锄具耕作的云南东川干热河谷区坡耕地进行的耕作试验表明，其砾石一定程度上影响了其采取的耕作工具的形式，比如采用双齿锄，这种耕作工具减小了耕作位移[34]。总的来说，土壤的理化性质是影响耕作侵蚀的重要因素，但是不同耕作工具及耕作方式可能会存在差异。耕作工具和土壤性质的区域差异均增大了土壤性质与耕作侵蚀间关系研究的复杂性，需要在后续研究中进一步明确。

第四节 耕作侵蚀研究历史

耕作引起的土壤位移研究始于北美洲，并在欧洲兴起，后在世界范围内扩展，目前主要的研究集中在欧洲、亚洲和北美洲。根据耕作侵蚀的研究进程将其划分为四个阶段：萌芽阶段、缓慢发展阶段、快速发展阶段和综合研究阶段[54]。

一、萌芽阶段（1992年之前）

目前，有记录的有关耕作侵蚀研究的英文文献最早可追溯到1942年，在美国，Mech等[4]首次开展了关于耕作引起土壤位移的试验研究，证明了坡耕地耕作确实会引起非常明显的土壤位移。耕作侵蚀这个概念最早由美国学者 Papendick 等[55]于 1977 年提出，并将其定义为机械工具引起的土壤顺坡运动。这一时期的研究基本处于耕作侵蚀研究的探索初期，主要研究内容是发现坡面土壤性质、微地形、作物产量的变化和耕作引起坡面土壤物质的重新分配之间的密切关系[55,57]，但是仍然有部分学者认为这种耕作引起的土壤顺坡运动不是耕作侵蚀，而是坡面水力或者风力作用引起的侵蚀类型。比如 Verity 等发现耕作时间越长，上坡侵蚀越严重，认为这是由水蚀和风蚀产生的[58]。这个阶段的研究主要侧重于耕作引起的土壤位移及其对土壤性质和地形的影响，缺乏系统研究，其研究方法简单，主要是定性描述，定量研究较少，可以说这是耕作侵蚀研究的萌芽阶段。

二、缓慢发展阶段（1992～1999 年）

进入 20 世纪 90 年代以后，特别是 1992 年发表的几篇论文引起了土壤学家的兴趣，随后学者们在耕作侵蚀的定量研究方面开展了一系列的工作，研究主要集中在耕作侵蚀的测量方法、影响机制和模型构建等方面，并积累了大量的经验和数据[6,31,47,48,58]。Lindstrom 等[6,52]定义了耕作侵蚀的概念，并运用示踪法进行了系统研究，建立了铧犁耕作引起坡面土壤的运动距离与坡度之间的一元线性函数关系。真正得到水土保持学家足够重视的是在坡面景观下，许多区域的研究表明，土壤侵蚀的主要贡献是耕作侵蚀而非水蚀[31,48]。Govers 等[47,59]考虑水蚀和耕作侵蚀共同作用因素，模拟计算得到耕作侵蚀的贡献大于 50%，并初步构建了通用耕作侵蚀模型，提出土壤传输系数 K：

$$K = -D\rho_b\beta \tag{1-2}$$

式中，D 为耕作深度（m）；ρ_b 为土壤容重（kg·m^{-3}）；β 为土壤位移与坡度关系的线性回归方程的斜率。

在这个阶段，耕作侵蚀研究可以说是首次定量化耕作侵蚀，是其研究进程的一大步，为耕作侵蚀概念和理论的提出提供了重要基础，为后续开展一系列研究提供了一个很好的方法。尽管该时期从事耕作侵蚀研究的学者仍然较少，但是从定义到定量的研究方法、机理和模型模拟都有涉及，为耕作侵蚀深入开展奠定了良好的基础。

三、快速发展阶段（2000～2006 年）

进入 20 世纪 90 年代，几篇耕作侵蚀研究论文得到国际上的广泛关注，耕作侵蚀研究才开始得到世界各学者的重视。1997～2000 年，欧洲部分国家开展了耕作侵蚀研究项目 TERON（Tillage Erosion：Current State，Future Trends and Prevention），并组织了 7 个国家的科学家进行共同研究，研究范围包括全部欧美地区。1997 年 7 月在加拿大多伦多举行了第 1 次耕作侵蚀国际会议；1999 年 4 月在比利时鲁汶举行了第 2 次耕作侵蚀国际会议；2001 年 8 月在英国埃克塞特再次举行关于耕作侵蚀影响的重要国际会议[60]。

这一时期主要是对耕作侵蚀模型和测量方法进行了系统研究。目前已知的测量耕作侵蚀速率的方法主要是模型法和直接测定法。学者们从影响耕作侵蚀的诸多因素出发，建立了多因素影响的耕作侵蚀模型[61]，其中耕作侵蚀预测模型能模拟耕作引起土壤再分配模式，预测多因素作用下的耕作侵蚀量[12]，耕作过程中，土壤位移并非一定不变，往往是多方向的，具有分散性，卷积模型能较好地解释耕作中土壤位移的分散性、方向性[62]；另外也有学者提出了基于阶跃函数和线性函数、指数函数以及分布曲线等模型，试图最大限度地精确模拟耕作侵蚀过程和机理。在定量测定耕作侵蚀方面，Bazzoffi[63]使用航拍影像有效测定了丘陵区坡耕地的耕作侵蚀。直接测定法包括示踪法、梯级法和格拉茨槽法。

示踪法有物理示踪法和化学示踪法。物理示踪法的示踪剂种类比较多，能够显著区别于背景值即可，包括白色石头、粉煤灰等，其中白石头示踪剂法是用小石子取代国外的 ^{137}Cs 核素，为了区别土壤颜色，小区混入白色石头进行标记，利用耕作之后小石子沿耕作方向的重新分布情况来计算土壤顺坡向下移动的位移量[13]。化学示踪法主要包括用氯化物、^{134}Cs、^{137}Cs、^{210}Pb、^{7}Be 核素示踪剂来标记示踪区，核素示踪是利用核爆炸后产生的同位素来标记示踪区，目前在耕作侵蚀测量中应用较多的是 ^{137}Cs，但是由于其半衰临近和测量成本较高，目前应用较少。最近采用磁性示踪技术[11]即在土壤中加入磁性示踪剂标记示踪区，用来测量耕作位移，其具有灵敏度高、方便快捷、速度快，成本低等优点，被广大学者所接受[64]。

四、综合研究阶段（2006 年以后）

坡面土壤侵蚀类型中，耕作侵蚀和水蚀是两个最重要的组成，二者在侵蚀形式、过程和机理等方面存在明显的差异；二者之间有着密切联系，会相互作用从而对坡面土壤总侵蚀产生较大影响。一方面，坡耕地耕作侵蚀为坡面下坡水蚀提供侵蚀物源即疏松的土壤，从而加剧水蚀[32]；另外一方面，耕作侵蚀使坡面上坡土壤搬运至下坡，导致坡面整体坡度变缓，径流侵蚀力降低，从而减弱水蚀[65]。水蚀作用下，特别是在坡中下部形成水蚀沟，这种水蚀作用形成的微地形对于单次耕作的土壤耕作位移产生明显影响，形成的单个侵蚀沟相比于无水蚀作用下的耕作传输系数可增大 1.7 倍[66]。尽管目前的研究表明在干旱河谷区水蚀会加速耕作侵蚀，但相关研究范围和深度还远不足。坡面土壤侵蚀一直是土壤侵蚀研究的重点，目前坡面耕作侵蚀和水蚀的相关关系研究在理论、方法和实践上都不够深入，急需拓宽研究。Van Oost 等[67]开先河在坡面土壤侵蚀综合评价中将耕作侵蚀纳入模型，建立了 WaTEM（water and tillage erosion model）。

随着全球气候变化问题日益受到学者们的关注，农田土壤侵蚀对碳氮循环的影响更是引起大家的重视。特别是坡面尺度下，由于人类耕作活动导致坡面土壤发生再分配，这种土壤再分配不可避免地造成土壤中碳氮等元素发生迁移和变化。耕作不仅引起坡面 SOC 和 TN（总氮）发生再分布[68-71]，而且在坡面尺度下，土壤侵蚀不是单一耕作侵蚀或者水蚀，因此，往往是耕作侵蚀和水蚀共同作用导致坡面土壤发生再分布，这种再分布不可避免地引起微地形变化，从而间接影响坡面 SOC 分布及碳库和碳汇[71, 72]。在紫色土区坡耕地的耕作试验表明，坡耕地景观内耕作侵蚀导致 SOC 储量一方面在耕作沉积区即下坡位增加，另一方面和水蚀共同作用下消耗 SOC[69]，也有学者认为耕作侵蚀对碳循环影响较小，即在耕作侵蚀和水蚀作用下消耗 SOC 的同时也会在靠近其侵蚀源位置重新沉积[72]。

第二章　耕作侵蚀国内外研究进展

耕作是农业生产的一个主要环节，通过耕作可以疏松土壤、有效改善土壤结构、掩埋地表残留物、增加土壤肥力、控制杂草生长，从而促进农作物生长。但是，由于农地自身地形起伏不平，大部分耕作均位于地形起伏的坡地上，在该地形上的坡地进行耕作不可避免地会产生耕作位移，形成耕作侵蚀。因此，只要是在地形起伏的坡耕地上从事农业生产，就存在耕作侵蚀，不存在区域和行政限制。在全球大多数地区，耕作侵蚀研究实践起步时间存在差异，不同区域的耕作侵蚀研究实践具有其区域差异性。国外耕作侵蚀研究起步最早，我国从 20 世纪 90 年代初开始在黄土高原坡耕地开展相关研究。

第一节　国外耕作侵蚀研究实践

耕作侵蚀伴随人类从事农业生产而产生，然而在相当长的一段时间内人们没有认识到耕作侵蚀的存在，直到 1929 年，国外学者 Aufrère 才认识到耕作引起的土壤移动，1942年美国学者 Mech 等[4]首次完成了系统的耕作侵蚀试验，对耕作造成的土壤位移和坡度间关系，以及不同耕作工具和耕种方式产生的土壤顺坡位移进行了研究，以此判断耕作引起的土壤移动相当明显，耕作导致的土壤顺坡位移量随坡度增加而增大，二者呈正相关关系。随后，在近 50 年的时间里，尽管有学者注意到野外坡耕地上存在堆积的土坎，坡顶原生土壤表土消失，心土出露，可能是耕作侵蚀的结果，但主要是以定性方式进行描述，几乎没有关于耕作位移和耕作侵蚀定量研究的报道。

直到 20 世纪 80 年代末 90 年代初，西欧和北美的学者才开始研究耕作位移引起的土壤位移及其侵蚀，并进行了定量化评价。在 20 世纪 80~90 年代，耕作侵蚀研究主要由美国、加拿大等北美国家和英国、比利时等欧洲国家的学者开展，研究区域也从最初的北美和欧洲国家扩展到委内瑞拉、埃塞俄比亚、泰国、菲律宾、中国等国家和地区。特别是欧洲共同体(European Community)于 1997 年将耕作侵蚀作为大型联合研究项目，组织了 7个国家的科学家共同研究，推动了耕作侵蚀的研究。随后分别在 1997 年、1999 年和 2002年召开了三次耕作侵蚀国际会议，推动了耕作侵蚀在全球迅速发展，并开办了刊物《土壤与耕作研究》(*Soil and Tillage Research*)。

一、耕作侵蚀定义

耕作侵蚀的概念最早由美国学者 Papendick 等[55]于 1977 年提出，他们认为在美国帕卢斯地区，过去几十年的耕作位移导致几米高的土堤形成。随后很长一段时间也有一些相关研究提到了耕作引起的土壤位移，但是主要集中于土壤物质的分散、土壤污染物以及考古方面。主要原因是，一方面耕作侵蚀不像水蚀和风蚀等其他侵蚀那么明显，在野外因为没有明显证据和现象，而且在与水蚀共同作用下产生一些野外现象，通常会被忽视；短期的耕作侵蚀影响和危害并不严重，当经历几十年这样长期的过程，其侵蚀的危害和强度才变得严重，出现如表土层剥蚀、土壤质量退化和耕作相关的地形变化。除此以外，早期提出的通用土壤流失方程只注重过程而忽略结果。随后有关土壤侵蚀测量技术和方法的改进，为耕作侵蚀的研究推进提供了便利。长期以来，土壤侵蚀引起的土壤再分布的分析测量工作较为复杂，阻碍了土壤侵蚀定量研究的发展。值得注意的是，地理信息系统（geographic information system，GIS）软件使得空间分析处理更加普及，新开发的物理水蚀模型不仅可以估算坡面土壤侵蚀速率，而且可以预测沉积物源和沉积位置，这些研究技术和方法均有利于耕作侵蚀研究的深入，特别是一种新的测量景观土壤再分布技术的出现使得耕作侵蚀研究更加容易，例如，由 Ritchie 等[73]、Brown 等[74]、De Jong 等[75]开创的 ^{137}Cs 技术为耕作侵蚀研究发展提供了很好的手段。

耕作侵蚀重新被关注得益于 20 世纪 80 年代关于土壤侵蚀和土壤退化的研究，这些研究开始注意到土壤质量的恶化和随之发生的土地生产力降低；而且农地景观土壤性质的空间变异性引起了学者们新的认识，土壤质量和生产力的空间变异研究揭示了景观凸出部位是生产力最低的部位，说明在该凸出部位有高的土壤侵蚀率是最好的解释。因此，在该农地景观除了存在水蚀以外，应该还存在一种产生土壤再分布的因素，才能够解释这种土壤侵蚀和沉积过程。在某些地方风蚀可以被认为是造成这种土壤再分布的原因，但是没有风蚀的南方地区不能对这一现象做出合理解释。随着耕作侵蚀概念的提出，这些现象得到了很好的解释。

二、耕作侵蚀的研究方法

开展定量测算是对耕作侵蚀进行深入研究必不可少的途径，国外耕作侵蚀的研究方法有野外调查的直接定量测定、模型模拟和示踪剂法。直接定量测定主要是梯级法、格拉茨槽法，梯级法由 Turkelboom 等[76]提出，他们发现坡耕地在经过长期强烈耕作后，坡顶的土壤被搬运侵蚀后会形成的一个梯形地形，通过测量该梯形地貌的长、宽、高，利用相关的公式可测算其耕作位移量和侵蚀速率。格拉茨槽法是由 Gerlarch 等[77]提出，他们于 1967年在坡地耕作时在坡顶收集搬运出坡面的土壤量来测算耕作位移量。这些直接测量耕作侵蚀的方式具有一定特殊性，不适宜推广。

模型模拟法主要基于大量的耕作实践建立坡度与位移的关系，从而建立侵蚀量的测算模型。Lindstrom 等[78]在 1990 年通过埋设金属探测器的方法，在坡度为 0.01～0.08 的坡面上，采用犁耕和凿耕，测定了坡面耕作位移，用实验证明了坡度是耕作位移过程中的主导因子，并提出了耕作位移与坡度的关系模型，即 $D=a+bS$ (其中 D 是耕作位移，S 是坡度，a 和 b 是耕作位移系数)；随后测定了每年坡面凸出部位的耕作侵蚀量为 30t·hm^{-2}，并且在坡顶位置可观测到土壤层厚度较浅，表明肥沃的表土层被大量搬运[6]。Govers 等[47]在西欧的野外坡耕地上完成了犁耕和凿耕试验，试验数据分析发现，通过耕作传输系数和坡度可以确定坡面的耕作传输量，建立了耕作传输量和坡度、传输系数的关系，即 $Q=KS$ (其中 K 是传输系数，S 是坡度)，然后耕作侵蚀速率可用扩散型方程进行描述，其强度可用扩散常数表示，即 $R=\dfrac{\partial QS}{\partial x}$ (其中 x 为投影坡长)，该试验测定的扩散常数为 100～400kg·m^{-1}·a^{-1}，表明耕作侵蚀可能比水蚀产生的侵蚀更大，对坡面土壤侵蚀更加敏感，该方法后来被 Poesen 等[28]进一步进行了完善。

示踪法主要有核素示踪、磁性示踪以及稀土元素(race earth element，REE)示踪法，示踪法主要用于坡面土壤侵蚀，随后也被用于研究耕作侵蚀，而由于耕作侵蚀测量的特殊性，示踪剂还可以采用其他一些材料进行标号或者将涂色的塑料小方块、碎石、KCl 等材料用作示踪剂标记土壤，从而测量耕作位移[79-81]。由 20 世纪 50～60 年代核爆产生的粉末，通过干沉降和湿沉降沉积到表土，很快被强烈吸收到土壤颗粒上，并不会被水溶液分离出来。因此，作为核爆产物之一的 ^{137}Cs 再分布与土壤颗粒密切相关，并能反映因侵蚀产生的土壤物理运动。通过将研究区 ^{137}Cs 存量(单位面积土壤剖面的总活度)与参考地浓度相比，^{137}Cs 损失即表示土壤遭到净损失，反之则为沉积。^{137}Cs 示踪法可以提供土壤侵蚀的空间分布变化和中期侵蚀率，^{137}Cs 是人工制造的示踪剂。^{137}Cs 示踪法最开始主要用于测量坡面土壤侵蚀，Lobb 等[31]在加拿大西南坡耕地上，利用核素示踪剂 ^{137}Cs 标记示踪小区土壤，测定了顺坡和逆坡耕作的耕作位移，单次顺坡耕作位移量为 142kg·m^{-1}，逆坡耕作位移量为 90kg·m^{-1}，每年耕作产生的净土壤顺坡土壤位移量为 26kg·m^{-1}，假定该区域平均坡长为 5.2m，每年产生的耕作侵蚀速率估计超过 54t·hm^{-2}，耕作侵蚀至少占坡面总土壤侵蚀的 70%。

为了将 ^{137}Cs 浓度与土壤侵蚀量进行折算，需要质量平衡模型或者比值模型予以校正，即用简单线性函数将 ^{137}Cs 含量的损失或获得(与参考值比)分别转化为土壤量的损失或沉积[9]。Li 等[82]提出了比例模型将 ^{137}Cs 含量和土壤变化进行匹配。由 Van Oost 等[83]提出的质量模型，将 ^{137}Cs 质量平衡模型与土壤侵蚀空间分布模型进行整合，所有导致土壤再分布的过程都是以二维空间背景来独立模拟。^{137}Cs 是最普遍的核素示踪剂，它已经被许多学者使用并被证实在测定坡地耕作和水蚀引起土壤位移和再分布方面的可靠性和精确性[84]。

磁性示踪法利用土壤本身具有一定磁性作物背景值，在土壤中加入磁性示踪剂以测量土壤位移，这种示踪剂相比于化学示踪剂和核素示踪剂具有安全、方便快捷、高效等特点，最近被广泛应用到耕作侵蚀定量测定方法中。近年来，除了常用的示踪法和模型外，也采用了一些新的技术和设备进行耕作侵蚀测定。比如 Meijer 等[85]利用地面雷达测量不同耕作处理的高程变化，与免耕作参照，计算耕作侵蚀。Pineux 等[86]利用无人机技术产生的地面数字高程模型，评价了流域尺度土壤侵蚀，其可以评价侵蚀性降雨前后高程差异变化，也可以观测沿坡面侵蚀和沉积的趋势。

三、耕作侵蚀对土壤质量、作物产量的影响

坡耕地由于地形起伏大，长期的耕作侵蚀不仅使得坡面大量土壤被搬运到有利于水力搬运的位置，而且直接造成坡面土壤及养分大量流失、坡地土壤养分产生空间变异，以及坡地土壤质量退化。土壤再分布引起的土壤养分元素空间变异，使得侵蚀坡位营养物质如 C、N、P 等被流失殆尽，而在沉积坡位发生富集，这种格局对土壤生物化学过程及气候变化具有深刻影响[87]。前述关于耕作侵蚀效应已表明，耕作侵蚀对土壤厚度、容重、质地等物理性质和有机质、N、P 和 K 等化学性质产生重要影响，造成坡耕地景观内上坡（凸部）土壤质量退化，肥力直接降低，长期以来在下坡（凹部）到坡脚位置大量堆积养分，在坡面径流作用下淋失出坡耕地范围，从而使得整个坡面的土壤肥力降低。

耕作侵蚀对土壤质量的不利影响，无论是土壤层厚度、质地、容重、结构等物理性质还是有机质、N、P、K 等营养元素的改变，都会直接影响农作物的产量。Lobb 等[25]研究发现，加拿大耕作侵蚀导致凸面景观位置土壤侵蚀严重，其农作物产量降低 40%～50%。Tsara 等[88]研究发现，63 年的长期耕作导致土壤层厚度减小 24～30cm，平均每年损失土层 0.3～1.4cm，可导致上坡部位小麦作物减少 26%。Heckrath 等[89]的研究也表明，肩坡每年的侵蚀率为 2.7kg·m^{-2}，大麦产量与耕作侵蚀速率、耕作位移显著相关。Marques da Silva 等[90]建立了耕作侵蚀速率（x）与作物产量（y）的回归方程：$y=-133.42x^2+15.664x+15.64$（$R^2=0.9914$，$P=0.95$），这个方程表明随着耕作速率增加，作物产量降低。Stewat 等[91]发现，耕作侵蚀造成的凸坡水分缺失是小麦减产的主要原因，小麦产量与水分持有能力正相关。另外，Papiernik 等[22]的试验数据发现，在耕作侵蚀高的肩坡位置，因为心土层钙混入表土，导致表土无机碳增加，连续三年小麦产量减少 50%。该研究认为，强烈耕作侵蚀造成表土土壤剥离，是决定作物产生变异的关键因子。

以上研究表明，耕作侵蚀造成了侵蚀区作物产量的减产，侵蚀区作物产量明显低于沉积区，但这并不意味着沉积区作物增产。Quine 和 Zhang[18]的研究发现，在养分含量极高的沉积区，往往会因水渍、杂草丛生等致使作物产量减产。耕作侵蚀引起整个坡面农作物减产已经是公认的全球性问题，耕作传输作用致使上坡侵蚀严重，土壤变薄，水分缺乏，养分容易流失，最终导致上坡作物产量明显降低。

耕作侵蚀对坡耕地有机碳动态变化及全球碳平衡产生影响，但研究结果尚未达成一致，一些研究认为强烈的耕作扰动破坏土壤结构，加剧了 SOC 矿化损失，同时耕作引起的土壤再分布导致景观内侵蚀部位碳的流失，即耕作侵蚀充当"碳源"角色；而另外的研究认为，耕作导致的土壤再分布在沉积区形成了巨大的埋藏碳库[92]，同时深耕可将表层富含新鲜有机物的土壤翻埋至下层，而将下层碳浓度较低易于吸收碳的土壤翻至表层，贮存了更多的作物来源有机物[93]，进而充当"碳汇"角色。耕作侵蚀引起的土壤碳库变化可能影响与全球碳循环有关的气候事件，正在被更多的国际研究机构关注。

第二节　黄土高原区耕作侵蚀研究

1993 年，我国出现了有关耕作侵蚀的研究报道，张信宝等[94]在四川盐亭和甘肃西峰梯田利用核素示踪剂研究犁耕作用下农耕地土壤的侵蚀，计算得到了两地犁耕剥蚀速率。随后经过二十多年的研究，我国学者在西北黄土区、西南丘陵区、东北黑土区和西南干旱河谷区等地开展了耕作侵蚀研究，取得了大量研究成果，为我国土壤侵蚀研究理论和实践提供了大量基础，也为坡耕地土壤侵蚀治理、保护土壤肥力、提高农作物产量做出了重要贡献。

一、黄土高原地区耕作侵蚀研究概况

黄土高原位于黄河中游，是我国水土流失最严重的地区。我国学者长期以来在黄土高原地区开展了大量水土流失问题的研究工作，坡耕地侵蚀是黄土高原土壤侵蚀的主要方式。坡耕地的土壤侵蚀研究长期偏向水蚀和风蚀，并未深刻认识到耕作活动产生的坡面土壤再分布在土壤侵蚀中的重要贡献。黄土高原地区多采用畜拉铧式犁，在坡面上自上而下进行往返横坡等高耕作。Quine 等[95, 96]在黄土高原坡耕地，利用 ^{137}Cs 核素示踪剂测定牛拉犁耕作产生的土壤位移和侵蚀速率，并注意到了台地耕作引起的坡面土壤再分布，测定平均耕作侵蚀率为 5.5kg·m^{-2}；在带状台地，氮浓度和耕作侵蚀相关，在肩状台地，磷的浓度和土壤净损失相关，通过完善等高耕作技术可以减少耕作侵蚀和土壤养分的空间再分布。随后王占礼等[97, 98]对黄土高原地区坡耕地耕作侵蚀进行了系统研究。

王占礼等[104, 105]利用刻有标号的有机玻璃方块作示踪剂，在 7 个坡度上测定顺坡耕作位移，结果表明耕作位移及垂直位移随坡度及深度的变化可用二元线性方程进行描述。Li 等[90, 100]利用质量平衡模型模拟了黄土高原地区耕作侵蚀和沉积，随后又利用核素示踪剂 ^{137}Cs 和 ^{210}Pb 定量测定耕作位移和侵蚀速率，并分析了坡面土壤 SOC 在耕作作用下的空间再分布特征。其他一些学者也在该区对耕作侵蚀有零星研究，主要采用测算方法基本示踪技术研究。

二、黄土地区坡耕地的耕作侵蚀空间分布特征

王占礼等[97, 98]在黄土高原腹地陕西安塞进行的顺坡耕作侵蚀试验结果显示，耕作一次的单宽土壤搬运量为 24～45kg·m^{-1}，耕作侵蚀模数主要集中在 700～1800t·km^{-2}，平均为 1324.33t·km^{-2}，占坡地面积的 49.24%，主要发生在坡地凸形部位，沉积模数平均为 1452.77t·km^{-2}，占坡地面积的 35.04%，主要发生在坡地凹形部位。另外分析该区 ^{137}Cs 分布特征，耕作侵蚀部位的 ^{137}Cs 浓度远远低于其本底值，而耕作沉积部位的 ^{137}Cs 浓度远远大于其本底值，其 ^{137}Cs 浓度与耕作侵蚀具有很好的负相关关系，能很好地表征其耕作侵蚀特征。

黄土地区坡耕地耕作层土壤水平位移及垂直位移均随坡度的增加而递增,可用线性方程描述,土壤位移随土层深度的增加而递减,可用抛物线方程描述,随坡度及土层深度的变化可用二元线性方程描述;土层深度对土壤水平位移及垂直位移的影响大于坡度;绝大多数坡度和深度条件下,耕层土壤水平位移均大于垂直位移;耕作前的表层土壤在耕作后被埋在地下,耕作前的底层土壤被翻转于上层,向上运动。在复杂的地形上,耕作过程中凸出地形部位发生净侵蚀,凹型部位发生沉积,地形越不规则,起伏越大,净侵蚀和沉积过程越广泛、越复杂。

Li 等[101]在黄土高原地区利用采集的 ^{137}Cs 浓度,通过 TEM(tillage erosion model)模型估算耕作侵蚀速率,其函数为 $R_T=Q_s/L_c$,其中 R_T 为耕作侵蚀速率(kg·hm^{-2}·a^{-1}),Q_s 是顺坡单宽土壤传输量(kg),$Q_s=-Kq$,K 为耕作传输系数(kg·m^{-1}·a^{-1}),其采用的牛拉犁的耕作传输系数为 250kg·m^{-1}·a^{-1},q 为坡度,L_c 为坡长(m)。通过计算得到台地每年的耕作侵蚀速率为 13.2~28.9t·hm^{-2},总体特征为其坡长越长其耕作侵蚀速率越小;坡耕地的每年耕作侵蚀速率为 0.3~22.4t·hm^{-2},总体特征为上坡部位的耕作侵蚀明显比下坡大。另外,Li 等[99]利用核素示踪剂 ^{137}Cs 和 ^{210}Pb 定量测算牛拉犁陡坡地连续耕作 50 次后土壤再分布情况,发现 ^{137}Cs 和 ^{210}Pb 浓度在坡面表现出下坡大于中坡,中坡大于上坡,由核素示踪的土壤侵蚀规律发现,其上坡的耕作侵蚀大于中坡和下坡。

夏积德等[102]采用示踪法研究了不同耕作方式下三种坡度的耕作侵蚀特征,表明耕作方式对土壤位移影响明显,相同坡度下,耕作造成的土壤位移大小变化是:机械横向犁耕＞畜力横向犁耕＞人力顺向掏挖＞人力逆向锄耕,除人力逆向锄耕外,其他三种耕作方式造成的土壤位移均随坡度增加而增大,人力逆向锄耕造成的土壤向上坡运动,受重力影响,坡度越大,移动距离越小。

三、耕作侵蚀对总土壤侵蚀的贡献

王占礼等[14]于 2001 年在陕西安塞黄土高原坡耕地采用标有标号的玻璃块作示踪剂测定坡面耕作侵蚀,测定坡面 ^{137}Cs 浓度来计算坡面总土壤侵蚀,以此来测算坡面耕作侵蚀占总侵蚀的贡献,通过研究发现,在耕作侵蚀和水蚀叠加后的总土壤侵蚀和耕作侵蚀并非一致,因此,耕作侵蚀对总侵蚀的贡献主要分三个部位,在坡地的凸形部位,耕作侵蚀对总侵蚀的贡献在 10%~28%,平均为 19.04%,占测定地块面积的 54.25%;在凹型部位下部,两种侵蚀皆为沉积,耕作侵蚀对总侵蚀的贡献在 36%~54%,平均为 42.93%,占测定地块面积的 10.89%;在凹型部位上部,耕作侵蚀表现为沉积,总侵蚀表现为侵蚀,耕作沉积对总侵蚀的贡献范围在-398%~-27%,平均为-125.44%,占测定地块面积的 34.86%。

四、耕作侵蚀对土壤特征及养分的影响

王占礼等[17]通过土壤性质分析、^{137}Cs 示踪和耕作试验等方法,对黄土高原坡耕地耕作侵蚀对土壤养分的影响进行了研究,结果发现,耕作侵蚀与土壤中全 N、碱解 N、速效

K 含量有较好的相关性，可用线性方程来描述(图 2.1)，同时与土壤中速效 P 含量也有较好的相关性，相关关系可用三次多项式表示，见图 2.2。在 15 年多次耕作侵蚀作用下，土壤中碱解 N、速效 K、有机质含量及阳离子交换量在侵蚀区呈现减小趋势，而在耕作沉积区呈现增加趋势。Li 等[101]对黄土高原陡坡地和台地进行研究表明，在耕作侵蚀引起的土壤聚集部位，其土壤有机质和速效养分相应增加。另外，通过连续 50 次耕作试验也表明上坡土壤容重增加，中坡土壤容重减小；上坡和中坡部位的平均有机质含量从 8.3g·kg^{-1}减少为 3.6g·kg^{-1}，碱解 N 含量从 43.4mg·kg^{-1}减少为 17.4mg·kg^{-1}，交换态磷含量从 4.5mg·kg^{-1}减少为 1.0mg·kg^{-1}[119]。由于耕作侵蚀的作用，上坡、中坡是耕作侵蚀最严重的地带，其全 N、碱解 N 含量较低，而在坡脚耕作土壤沉积地带其全 N、碱解 N 含量较高[103]。

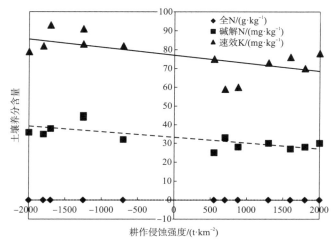

图 2.1　研究坡地耕作侵蚀与土壤养分的关系

(来源于文献[17])

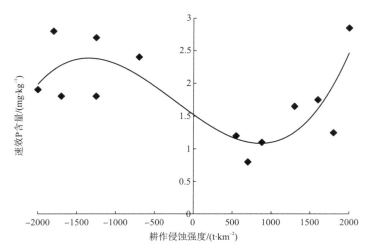

图 2.2　坡地耕作侵蚀与土壤速效 P 含量的关系

(来源于文献[17])

第三节 西南紫色土区耕作侵蚀研究

我国是粮食消费大国也是生产大国,耕作是粮食生产过程中最频繁的农业活动。在农业坡耕地粮食产区,由于耕作活动引起的土壤侵蚀即耕作侵蚀极其常见,坡耕地强烈耕作引起的土壤侵蚀常常引起上坡土层变薄,土壤养分流失,肥力降低,土壤质量退化,生产力降低,作物减产。在北方黄土高原区学者开展耕作侵蚀研究的同时,我国西南坡耕地分布极其广泛的紫色土区的相关研究也开展起来。我国西南紫色土区耕作侵蚀的研究主要由张建辉等学者主导,其研究内容主要涉及研究方法、影响因子、与水蚀关系、临界因子以及耕作侵蚀的环境效应等。

我国紫色土主要分布于四川、重庆、云南和湖南等 16 个省(区、市),紫色土不是我国典型地带性土壤,还广泛分布于世界其他地方。紫色土成土时间和发育过程较短,其土壤性质和母岩类型密切相关,母岩类型决定了其土壤性质。紫色土矿质养分丰富,自然肥力高,适宜多种农作物种植,但是其抗旱性差,容易受到侵蚀而产生退化。

一、研究方法

2001 年,在黄土高原开展耕作侵蚀的同时期,张建辉等[13]在四川简阳紫色土坡耕地采用白色小石子作示踪剂,替代国外广泛使用的 ^{137}Cs 核素示踪剂,进行了不同坡度和位置的锄耕侵蚀试验,试验结果表明土壤耕作位移与坡度呈现密切的正相关关系,在测定坡度范围,其耕作侵蚀速率为 43.70~129.48t·hm^{-2}·a^{-1},平均耕作侵蚀速率达 65.05~97.05t·hm^{-2}·a^{-1};在随后的耕作试验中测定了耕作传输系数分别为 26~38kg·m^{-1} 和 121~175kg·m^{-1},耕作导致土壤顺坡位移明显大于侧向位移[10]。同样,采用石子作示踪剂,在简阳紫色土坡耕地开展的不同耕作方向的试验结果表明,等高耕作造成的土壤位移明显比顺坡耕作小,与起垄坡地相差 5 倍,与不起垄坡地相差 3 倍,起垄和不起垄采用等高耕作可分别减少耕作侵蚀率 84%和 77%,顺坡耕作情况下,起垄和不起垄造成的耕作侵蚀率没有明显差异[11]。随后采用 ^{137}Cs 核素示踪剂法测定台地耕作侵蚀的空间特征,即上坡部位是耕作侵蚀,下坡部位是耕作沉积,在长坡水蚀起到主导作用,证明上坡侵蚀下坡堆积[50]。由于采用小石子作示踪剂耗费大量时间和工作,而 ^{137}Cs 核素探测时间较长,且费用昂贵,学者们又将磁性示踪法应用到耕作侵蚀研究方法当中,Zhang 等[64]在重庆忠县利用磁性示踪技术研究传统保护性无翻转锄耕造成的耕作侵蚀,表明耕作侵蚀与坡度具有明显相关关系,无翻转耕作比传统耕作可减小 64%的耕作侵蚀速率,磁性示踪法是一种测量耕作位移和速率的高效方法。

通过比较小石子示踪和磁性示踪两种方法测定耕作侵蚀,两种方法都有相似的测定准确性,但是磁性示踪法能在室外立即获得示踪剂分布情况,而小石子示踪法需要在室内进行测定,因此,在大规模进行耕作侵蚀试验时,磁性示踪技术效率高[104]。在重庆忠县 Su

等[105]利用高分辨率数字高程模型(digital elevation model,DEM)法、阶梯剖面法和耕作侵蚀模型对线性和复杂坡的耕作侵蚀速率进行了测量,单次耕作后,阶梯剖面法测定的耕作侵蚀速率分别为 16.8t·hm^{-2}·a^{-1} 和 36.6t·hm^{-2}·a^{-1},侵蚀模型法测定的耕作侵蚀速率为 17.6t·hm^{-2}·a^{-1} 和 41.7t·hm^{-2}·a^{-1};多次耕作后在坡顶和坡脚位置均发生明显变化,5 次和 15 次耕作后,线性坡和复合坡坡顶顶部土壤深度均 100%减小,而线性坡在坡脚分别增加 13.1%和 30.9%,复合坡在坡脚分别增加 23.1%和 48.2%;强烈耕作导致线性坡的坡度逐渐降低,在无严重水蚀作用的下坡逐渐形成台地,而在复合坡坡脚有明显土壤堆积,坡度明显减小。由于磁性示踪技术的高效优点,随后在四川紫色土区开展的其他研究均采用磁性示踪技术,比如李富程等在四川绵阳紫色土区坡耕地采用磁性示踪剂开展了一系列研究,主要集中于采用小型旋耕机耕作进行等高耕作、顺坡耕作和向上耕作情况下的侵蚀研究,发现不同耕作方向对耕作侵蚀和位移影响较大[106]。

二、紫色土区耕作侵蚀影响因子

紫色土区耕作侵蚀研究目前已开展多年,研究内容涉及研究方法、耕作侵蚀影响因子和耕作侵蚀的环境效应。目前已开展的关于耕作侵蚀影响因子的研究主要集中于地形因子、土壤理化性质、耕作工具、耕作方向、耕作深度等方面。

(一)地形因子

地形因子对耕作侵蚀的影响主要表现为坡耕地坡度对耕作位移的作用差异。西南紫色土区坡耕地已有的研究表明,无论采取何种研究方法,以及何种耕作工具和耕作方向,其耕作位移距离均与坡度呈现明显的相关关系,且二者之间的关系均呈明显的线性正相关关系(表 2.1),整体表现出随坡度增加而增大。地形因子对耕作侵蚀的影响除坡度以外,还对坡地景观(如坡长、线性坡或者复合坡等)均有影响。

表 2.1　紫色土区耕作位移与坡度函数关系

研究区域	坡度与耕作位移函数关系	显著性	耕作特征	文献来源
四川简阳	T_m=0.43685+52.508G,T_m 为土壤位移量(kg·m^{-1});G 为坡度	R^2=0.9623,N=6,P<0.01	锄头,向上坡耕作	[13]
重庆忠县	D_d=0.4954S+0.1539,D_d 为平均耕作位移(m),S 为坡度	R^2=0.8325,N=9,P<0.01	锄头,向上坡耕作	[10]
	D_d=0.1377S+0.0648,D_d 为平均耕作位移(m),S 为坡度	R^2=0.5103,N=9,P<0.05	锄头,向上坡耕作	[10]
四川绵阳	D_d=0.3243S-0.0063,D_d 为平均耕作位移(m),S 为坡度	R^2=0.6261,N=14,P<0.01	旋耕机,慢速等高耕作	[106]
	D_d=0.2892S+0.0031,D_d 为平均耕作位移(m),S 为坡度	R^2=0.6255,N=14,P<0.01	旋耕机,慢速向上坡耕作	[106]

(二)土壤理化性质

已有的耕作侵蚀试验研究显示,土壤性质是影响耕作侵蚀强度的重要因素[47,107],紫色土坡耕地耕作侵蚀研究近十年来在耕作侵蚀研究方法、耕作侵蚀与地形因子关系、耕作侵蚀对地形和环境效应的影响等方面均有涉及,但是紫色土区坡耕地土壤性质对耕作侵蚀强度的影响研究涉及较少,目前,已有的研究主要是李富程等[52]于四川绵阳紫色土区坡耕地开展的在旋耕机作用下土壤性质对耕作侵蚀的影响,该研究设定了向下耕作、向上耕作和等高耕作三个耕作方向,主要测定的土壤性质包括土壤物理性质、化学性质和力学性质。物理性质指标主要选择土壤容重和含水量;化学性质指标选取了有机质、全 N 和有效 P;力学性质指标选取了土壤抗剪强度和紧实度。研究结果显示,土壤容重和含水量对土壤向下位移有显著影响,呈现正相关关系,土壤抗剪强度与向下位移呈现显著负相关关系,而紧实度与向下位移呈现显著正相关关系,土壤净位移与土壤抗剪强度和紧实度均呈现显著正相关关系,表明土壤容重、含水量及土壤抗剪强度和紧实度对土壤耕作位移和侵蚀有明显影响,而有机质、全 N 等化学性质对土壤耕作位移无明显影响。

(三)耕作工具

一般情况下,耕作工具穿透土壤越深,其带动的土壤越多,引起的耕作传输量越大。目前关于耕作工具对耕作侵蚀影响的研究较多,但是,紫色土耕作工具对土壤耕作侵蚀的影响研究主要集中在人工锄耕作和牛拉犁耕作,随着经济发展和科技进步,农业生产中土地整理项目推进,紫色土坡耕地零碎地块集中连片,小型旋耕机也逐步在紫色土区坡耕地上推广起来。不同耕作工具对土壤的切割、搬运和翻转方式不同,因而对耕作位移的影响也不同。Zhang 等[10,11]在紫色土区坡耕地人力锄耕(平坦坡地)的顺坡耕作侵蚀试验中测算的单次耕作土壤传输系数(K_3 和 K_4)分别为 31kg·m^{-1} 和 141kg·m^{-1},而 Quine 等[44]在紫色土区坡耕地采用牛拉犁耕作测算的单次耕作土壤传输系数(K_3 和 K_4)分别为 89kg·m^{-1} 和 108kg·m^{-1},采用人力耕作的土壤传输水平整体低于牛拉犁耕作。花小叶[108]采用人工锄、牛拉犁和旋耕机三种耕作工具,在紫色土区坡耕地进行耕作试验对比研究。根据当地耕作习惯,人力耕作常采用锄头,便于节省劳力,通常采用顺坡耕作方向,牛拉犁为了便于操控常采用等高耕作,而旋耕机常采用顺坡上下耕作。通过研究发现,紫色土区常用的三种耕作方式引起的土壤平均位移有差异,按大小排序依次为顺坡人力锄耕>牛拉犁等高耕作>旋耕机上下耕作,顺坡人力锄耕产生的土壤位移量最大,分别是牛拉犁等高耕作和旋耕机上下耕作的 2.48 倍和 8.54 倍,牛拉犁等高耕作是旋耕机上下耕作的 3.44 倍。另外,通过比较人力锄耕不同锄头宽度发现,四种不同锄头类型(宽锄、空心锄、窄锄头和双齿锄)产生的耕作位移和侵蚀速率大小依次为宽锄>空心锄>窄锄头>双齿锄。

(四)耕作方向

耕作过程中,耕作方向往往决定了土壤的运动方向,是调节坡面耕作位移的主要因素之一。在紫色土坡耕地,人们通常采用人力锄耕作,为了方便耕作和节省劳力,通常采用顺坡耕作或者等高耕作，而不采用逆坡耕作。Zhang 等[11]对四川简阳紫色土坡耕地的研究证明，在四川紫色土丘陵区坡耕地采用人力锄耕进行耕作时，等高耕作产生的耕作侵蚀速率相比顺坡向下耕作减小 77%；而花小叶[108]在四川绵阳紫色土坡耕地的锄耕试验表明，在坡度为 0.054～45.8 时，顺坡耕作的平均耕作位移量为 75.54kg·m^{-1}，平均侵蚀速率为 50.36t·hm^{-2}，而等高耕作时，在坡度为 0.04～0.47 时，其平均耕作位移量为 14.82kg·m^{-1}，平均侵蚀速率为 9.88t·hm^{-2}，顺坡耕作引起的耕作侵蚀明显大于等高耕作。采用牛拉犁，在相同坡度范围下，单次耕作情况下，平均耕作位移距离是向下犁耕＞向上犁耕＞等高犁耕（P＜0.05），等高犁耕的耕作侵蚀速率明显小于向下犁耕和向上犁耕，但明显大于上下交替犁耕。另外该研究也证实，旋耕机耕作时上下顺坡耕作的平均耕作位移量为 8.85kg·m^{-1}，明显小于等高耕作的平均位移量 17.85kg·m^{-1}，其上下顺坡耕作和等高耕作的平均耕作侵蚀速率分别为 5.9t·hm^{-2}·a^{-1} 和 11.95.9t·hm^{-2}·a^{-1}，等高耕作的侵蚀速率是向下耕作的 2 倍左右。

(五) 耕作深度

耕作土壤传输量除了与耕作工具和方向相关，其单次耕作传输量与耕作工具切入土壤的深度密切相关，深度越大，其带动的土壤越多，产生的位移量越大。有大量的学者在其他区域进行了不同耕作深度下产生的耕作侵蚀试验，结果证明了耕作深度对耕作侵蚀影响显著，甚至大于坡度[47]，犁耕作用下，耕作深度从 20cm 增加到 40cm 时，可增加耕作土壤传输量达 75%[39]；在紫色土区坡耕地，不同耕作工具下采用的耕作深度不同产生的效应有差异。花小叶[108]采用宽锄人工耕作，在设置不同耕作深度情况下，其平均耕作位移与深度呈显著正相关，可用线性方程表征[$D_d=0.6264h+0.0993$，$R^2=0.6375$，$N=18$，$P＜0.001$，D_d 为平均耕作位移(cm)，h 为耕作深度(cm)]；而采用旋耕机，不同耕作深度时，土壤剖面对其产生的阻力存在差异，同时旋耕机刀片旋转过程中抛出土壤的角度不同，最终导致其土壤位移量存在差异，试验中发现不同耕作深度引起向上坡土壤位移总小于向下坡土壤位移，测定不同耕作深度(8cm、10cm、12cm)的耕作侵蚀速率均存在显著差异($P＜0.001$)，平均耕作侵蚀速率由 8cm 的 4.97t·hm^{-2}·a^{-1} 增大到 10cm 的 8.78t·hm^{-2}·a^{-1}，增加了 77%，由 10cm 的 8.78t·hm^{-2}·a^{-1} 增大到 12cm 的 13.10t·hm^{-2}·a^{-1}，增加了 49%。

三、紫色土耕作侵蚀的环境效应

四川紫色土区是我国水土流失最为严重地区之一，其中坡耕地占总耕地面积的 60% 以上，坡耕地耕作侵蚀严重且危害性大。在紫色土坡耕地耕作起着将土壤物质垂直搬运和顺坡搬运的双重作用，垂直搬运一方面是由于紫色土土壤母岩泥岩松散，容易在耕作过程中被破碎，从而加速风化形成土壤，但同时，耕作也会将养分较低的破碎母岩碎屑混入耕作层，从而影响土壤表层的理化性质；另一方面在翻转过程中富含肥力的表土翻入深土层中，这种垂直搬运作用最终将使耕作层的土壤营养元素减少，土壤肥力降低，从而导致作物减产。顺坡搬运主要是由于上坡营养元素含量较低的土壤被搬运至中坡和下坡，导致上坡土壤层变薄，同时上坡土壤肥力降低，下坡土壤肥力增加，导致坡面土壤再分布和土壤营养元素的差异增大，坡耕地耕作活动导致了土壤在坡面的二元再分布，土壤养分空间异质性增大，导致上坡土壤肥力降低，整个坡面土壤养分流失，作物产量降低。目前研究者们在紫色土区开展了大量的耕作侵蚀对坡面环境效应的研究。

(一)坡耕地土壤分布与性质

在川中丘陵区坡耕地，Zhang 等[10]进行的人力锄耕试验表明，长期耕作后，坡顶土壤层变薄，甚至出现坡顶母质或者岩石暴露，而在坡脚由于土壤搬运作用，导致土壤层明显增厚，其增加的趋势表现出从坡脚到坡顶其土壤层变化与到坡顶的距离呈显著正相关关系。在三峡库区紫色土坡地，水蚀和耕作侵蚀是其主要侵蚀类型，在不同坡位其侵蚀类型不同，坡顶和上坡以耕作侵蚀为主，而在中下坡以水蚀为主，坡脚处以耕作形成的堆积为主。20 次强烈耕作后，土壤水稳性团聚体结构明显被破坏，土壤可蚀性 K 值减小，表明耕作侵蚀造成坡面土壤抗蚀性整体降低，上坡至坡脚抗蚀性增大[109]。

(二)土壤肥力及作物生产

在西南丘陵区坡耕地，同一坡度不同坡位农作物产量存在显著差异，坡顶景观连续多年耕作后其农作物仅有坡底的 50%甚至更少[10]。另外，花小叶[108]在绵阳紫色土坡面进行了三种工具作用下的坡面土壤养分分布特征试验，结果表明长期顺坡锄耕使得坡顶土壤流失严重，母岩出露，坡面上，0m、5m 处的土层显著减小，20m 处的土层显著增加，其他位置没有明显变化，强烈耕作后，耕作侵蚀导致坡顶的土壤 C、P、N 随土壤层消失而损失掉，而在坡趾部位，土壤层增厚，土壤 C、P、N 有明显变化；在强烈犁耕作用下，坡顶的土壤流失明显，但坡顶并未出露母岩，强烈耕作使得坡面 C、P、N 有由上坡到下坡增加趋势，坡面有机碳变异性减小，而全 N 和速效磷变异性增大；在采用旋耕机的两种耕作方式(上下耕作和等高耕作)强烈耕作作用下，均使得坡顶土壤层厚度减小，坡脚的土层增厚，母岩未裸露；上下耕作 20 次后，使得坡顶 C、P、N 减小，坡趾增加；等高耕作20 次后，坡顶土壤速效磷显著增加，有机碳和全 N 显著减小，坡脚的 C、P、N 显著增加，总的说来，旋耕机不同耕作方式强烈耕作后，其土壤有机质和全 N 变异性减小，速效磷变异性增加。Nie 等[110]在川中丘陵区坡耕地研究了耕作侵蚀和水蚀控制的坡面下的生物特征差异，发现不同侵蚀类型控制的坡面其土壤酶和微生物活性有较大差异，在侵蚀过程中可以通过控制土壤脲酶、磷酸酶活性影响土壤氮磷循环，从而影响土壤肥力。

(三)坡耕地有机碳变化

通过在川中丘陵区坡耕地采样分析 ^{137}Cs 浓度及土壤养分发现，土壤有机碳浓度在坡面和耕作侵蚀分布(^{137}Cs)有相关性，即坡耕地耕作侵蚀区有相对低的有机碳含量，而在沉积区有高的有机碳含量，梯田坡耕地沉积区的碳氮比最高，而在长坡坡耕地上侵蚀区的碳氮比最高，基于侵蚀和沉积采样分析，两种地形坡面侵蚀区的碳氮比相似，而在沉积区碳氮比则彼此明显不同，表明耕作侵蚀短距离传输土壤，不会明显引起有机碳减少，而水蚀可以选择性地减少土壤中最不稳定的有机碳。在坡耕地上，特别是长坡（110m 和 40m），水蚀起到主导作用，坡面有机碳、总氮等其他养分会受到水蚀的选择性传输作用，从而降低其土壤质量[111]；苏正安[109]在重庆三峡库区的坡耕地耕作试验表明，在不考虑水蚀作用的情况下，坡底景观 5 次和 15 次强烈耕作后，耕作侵蚀导致线性坡或者复合坡坡顶的有机质均降为 0，线性坡坡脚的土壤有机碳含量分别从 3.30kg·m^{-2} 上升为 4.97kg·m^{-2} 和 8.21kg·m^{-2}，而复合坡坡脚的 22.5m 处土壤有机碳含量从耕作前的 6.32kg·m^{-2} 分别上升为 7.63kg·m^{-2} 和 9.37kg·m^{-2}。通过坡耕地耕作试验表明，坡面微生物量碳变化不依赖于耕作侵蚀作用，而主要受到水蚀影响，其含量最大值位于水蚀沉积位置，但是碱性磷酸酶则受到耕作侵蚀影响；在坡面土壤再分布过程中，其产生的侵蚀-沉积景观产生了不同的微生物结构，这些微生物结构差异性最终引起 SOC 在坡面的变化[110, 112]。

（四）影响坡面水蚀

在三峡库区重庆忠县紫色土坡耕地进行的入渗试验表明，由于土壤紧实度和耕层深度不同，耕作侵蚀区、沉积区和未扰动区的土壤水分的入渗特征具有明显差异，耕作侵蚀区的土壤水分初始入渗率、稳定入渗率和累计入渗量均较耕作沉积区低[113]，与对照地相比，上坡经过 25 次和 45 次耕作后，累计入渗量分别减少 50.67%和 68.44%，下坡累计入渗量有少量增加，随后在该紫色土坡耕地 15°线性坡面，模拟不同耕作位移量降雨试验，结果表明，累计产流产沙量随耕作位移量的增加而增加，耕作侵蚀加速了紫色土坡面土壤水蚀作用[15]，即耕作侵蚀对水蚀的加剧作用的重要原因之一是通过将上坡土壤搬运至中下坡细沟内，为中下坡水蚀作用提供物源，从而加剧水蚀。

第四节 东北黑土区耕作侵蚀研究

东北黑土区历来是我国主要的粮食生产基地，但是由于长期的过度开垦和高强度的耕作，黑土区坡耕地水土流失日益严重，黑土层变薄，土壤退化严重，土地肥力降低，农业生产能力减弱。从事该区土壤侵蚀过程和机理研究的学者普遍认为水蚀是该区的主要土壤侵蚀类型[114]，其影响面积大，破坏性强。而有研究表明，除了水蚀外，耕作侵蚀也是黑土区坡耕地土壤侵蚀的重要类型之一[115]。东北黑土区与西南紫色土区和西北黄土高原区相比，其耕作系统存在较大差异，东北黑土区地形相对平坦，多采用牵引式机械耕作，其功率大、速度快，耕作机具体积大，切入土壤深，常规耕作深度为 25～35cm，最深可达 45cm，正因为其机械动力强、耕作速度快和耕作深度深等特点，其耕作侵蚀也具有自身特点。

一、耕作侵蚀定量研究

2005 年，方华军等[115]利用核素法测量了东北黑土区中部漫岗地形的黑土再分布特征，表明坡肩部位土壤侵蚀最为严重，坡顶和坡背侵蚀较小，坡脚主要表现为沉积，在考虑耕作活动产生的土壤迁移情况下，通过模型测算，研究区年平均土壤侵蚀速率为 5.45t·hm^{-2}，而耕作侵蚀仅占 2.02%，其中近 80%为水蚀。随后，赵鹏志等[116]采用小石子作示踪剂测算了黑龙江西北典型黑土区坡地耕作侵蚀状况，发现单次耕作位移量为 32.68～134.14kg·m^{-1}，耕作传输系数为 234kg·m^{-1}·a^{-1}，凸起的坡背、坡肩处及坡度较大的位置侵蚀严重。这一研究结果与黄土高原区和西南紫色土区坡耕地的研究结果有较大差异，其单次耕作位移量明显大于黄土高原地区(35.54kg·m^{-1})[14]，也大于四川丘陵区(43.7～64.47kg·m^{-1})[13]，造成这一结果的主要原因是，尽管黑土区坡耕地坡度较小，但是其采用重型铧式犁，其动力强，在逆坡耕作情况下，其机械牵引力远大于重力分力，土壤搬运方向受地形坡度影响较小；另外，由于机械动力强劲，耕作深度大，速度快，对土壤扰动大，土壤搬运明显，因此产生的耕作位移量明显大于其他研究区，但通过耕作位移量测算的耕作侵蚀速率为 0.4～11.0t·hm^{-2}·a^{-1}，明显小于黄土高原区和西南紫色土区坡耕地，主要原因是该区机械耕作均是往复式耕作，净土壤位移量较小，而采用人力锄耕是单一方向的耕作，其测算的耕作速率也是单一耕作位移下的侵蚀速率。

二、耕作侵蚀与水蚀空间格局

赵鹏志[117]通过模型和试验研究了坡面耕作侵蚀和水蚀的空间分布特征，在坡顶位置耕作侵蚀最大，水蚀较小，而在坡中位置耕作沉积作用明显，同时存在较大水蚀作用，在坡脚位置地形较缓，是主要汇水区域，是水蚀的主要发生地，耕作主要表现为沉积。因此，在坡中和坡脚位置水力侵蚀起主导作用，值得注意的是尽管下坡耕作表现为沉积，但是上坡搬运至此的土壤为下坡提供松散土壤块，也起到加剧水蚀的作用；对整个坡面来说，耕作侵蚀面积(64.3%)大于耕作沉积面积(35.7%)，不同地形特征下耕作侵蚀和水蚀的差异导致了黑土区坡耕地土壤侵蚀格局的差异。

三、耕作侵蚀对土壤养分的影响

东北黑土区耕作侵蚀对地形景观的影响力大小还表现为坡上＞坡下＞坡中＞坡脚，而耕作沉积速率表现为坡脚＞坡下＞坡中＞坡上，在坡面陡坡位置，耕作侵蚀和水蚀共同作用产生土壤侵蚀，对有机碳等养分影响表现为，因为耕作侵蚀和水蚀协同作用，侵蚀点的 SOC 含量、POC(particulate organic carbon，颗粒有机碳)含量、DOC(water soluble organic carbon，水溶性有机碳)含量低于沉积点，而 MBC(microbial biomass carbon，微生物生物量碳)含量变化呈现出相反趋势，耕作侵蚀在坡面范围对有机碳的积累和损耗有明显影响[117]。另外，通过研究发现，东北黑土区坡耕地土壤氮磷在坡面的分布存在差异，总氮和总磷在上坡和下坡含量低，而在中坡含量高。在上坡和下坡总磷与水蚀存在负相关关系，但是与耕作侵蚀无相关性，另外，总氮与两种侵蚀类型均无相关性，表明东北黑土区耕作侵蚀在其特有的耕作系统和地形作用下，对坡面氮磷的分布没有产生明显影响，与国内其他地方耕作侵蚀对养分的影响机制不同。

第五节　耕作侵蚀的研究趋势

耕作侵蚀研究起源于美国，兴盛于欧洲，在全球得以迅速发展，其研究历史有 80 余年。从最开始耕作侵蚀的发现到耕作侵蚀概念的提出再到耕作侵蚀的定量评价、耕作侵蚀影响因子和模型模拟等，现如今耕作侵蚀的研究范围更加广泛，内容更加深入。国际上关于耕作侵蚀的研究不仅在机械化农业区得到重视，而且在如中国锄耕农业区等地也开展了大量研究工作，研究实践和案例类型更加多样，数据更加丰富。中国耕作侵蚀研究经过 20 多年的发展，在耕作侵蚀研究历史上占据了重要的位置，特别是示踪技术和耕作侵蚀效应研究方面都处于国际前列。目前定量耕作侵蚀强度的方法很多，在研究耕作侵蚀机理、模型构建方面的研究较多，也取得了一定成果，但是还有诸多科学问题有待进一步探索。未来耕作侵蚀的研究主要趋势有以下几点。

一、研究耕作侵蚀和水蚀的相互作用

耕作侵蚀和水蚀是坡耕地土壤侵蚀最主要的形式，二者在坡面土壤侵蚀中承担重要角色，耕作侵蚀和水蚀在坡面的交互作用影响着坡面土壤侵蚀的强弱。目前耕作侵蚀对水蚀的影响研究才刚刚起步[32, 118]，主要采用小区模拟降雨和模拟耕作试验，利用磁性示踪技术、三维扫描技术进行测定，已有的研究结果发现，耕作侵蚀对水蚀具有加速作用，坡面水蚀形成的水蚀沟能加速耕作侵蚀[66]，但是其具体的作用机制还不太明确，有待深入[119]。目前耕作侵蚀与水蚀交互作用研究主要是在重庆紫色土区和云南元谋干热河谷区坡耕地，研究的内容仅考虑坡度，其他因素均未考虑，需要进一步深入研究。

二、开展时空多尺度综合研究

耕作侵蚀研究的时间尺度目前主要是数年短期尺度，而中长期时间尺度研究还无人开展；空间尺度仍然主要为坡面尺度，更大尺度的研究还未涉及。目前开展的小尺度研究主要是探明耕作侵蚀的机理及其影响因素，尽管有学者使用三维扫描技术、全站仪等先进技术对耕作侵蚀的微地形小尺度进行研究，但是用 3S、无人机、雷达等技术来研究流域等更大尺度的耕作侵蚀是以后的研究方向。推动不同时空尺度的耕作侵蚀特征研究有助于全面、系统地厘清耕作侵蚀在不同时间和空间范围的侵蚀规律和特征，为坡耕地农业生产的保护性耕作措施提供科学依据。

三、耕作侵蚀的模型构建

目前在不同地区采用不同研究方法得出的耕作侵蚀速率存在较大差异。在耕作侵蚀的诸多影响因素之中，关于土壤特征、耕作工具、耕作方向、耕作深度、耕作速度、坡长、植被因素等影响因子已有研究，但是其得出的侵蚀速率差异明显；另外在不同土地作物类型下其土壤特征差异明显，土壤性质、植被因素与耕作侵蚀的关系还未探明，在更大尺度上的耕作侵蚀研究尚未涉及。因此，在构建相关模型时，上述因素未能考虑，还没有较科学合理的统一的模型进行模拟和预测。构建基于不同尺度的多因子综合模型、提高耕作侵蚀测算和预测精度是未来模型模拟研究的重点。

四、耕作侵蚀相关标准的制定

在不同地区采用不同耕作工具和耕作方向，其获得耕作侵蚀速率差异较大，但是不同地区不同土壤特征允许的耕作侵蚀速率是不同的。在不同坡耕地农业生产区采取保护性耕作措施，更有效地防止坡耕地土壤侵蚀，需要确定耕作侵蚀强度分级。目前在云南干热河谷区坡耕地已有研究涉及耕作侵蚀的分级制定，是一个较好的开端，该研究不仅确定了不同坡度、不同耕作深度的耕作侵蚀分级，也确定了微弱侵蚀下需要控制的地形因子(坡度、坡长)、耕作角度、耕作深度的临界值，另外还试图运用 WEPP(water erosion prediction project)模型，确定耕作年限的临界值[38]。通过研究耕作侵蚀影响因子，学者们提出了防治坡面耕作侵蚀的方向，比如采取等高耕作和逆坡耕作、减小耕作速度和耕作深度等保护性耕作措施；另外通过构建植物篱、减小耕作次数等措施能有效防止耕作侵蚀，但是在具体执行过程中还没有可参照的防治标准。在制定耕作侵蚀防治标准时应当考虑区域土壤性质、地形、环境、具体耕作制度，并结合其他侵蚀类型的共同作用，提出有针对性的控制技术和策略，最大限度地减小耕作引起的土壤侵蚀，以实现坡耕地耕作侵蚀的综合防治目标。此外，学者们应当加强不同土壤侵蚀区(东北黑土区、黄土高原区、西南紫色土区、南方土石山区及其他典型侵蚀区)的耕作侵蚀研究协助，共享耕作侵蚀研究数据，共同制定符合不同区域的耕作侵蚀强度分级标准和防治标准。

第三章　耕作侵蚀的评价

第一节　耕作侵蚀的定量评价

国际上开展土壤侵蚀定量研究最早始于 19 世纪末，德国土壤学家 Wollny (沃伦) 在径流小区研究了水蚀与植被、坡度、坡向、植被覆盖度、土壤类型之间的关系，美国在 1915 年布设了第一个水土流失定量观测小区，苏联在 1923 年成立了诺沃西里土壤保持试验站。随后各国开始广泛开展水蚀的定量测量研究，水蚀研究得到快速发展。一百多年来，人们对水蚀的定量研究不断深入发展，基本摸清了水蚀定量评估的方法。然而耕作侵蚀是 20 世纪中期才被人发现，随后还经历了缓慢发展时期，直到 20 世纪末期才逐渐得到世界各国学者的重视，关于耕作侵蚀的定量研究才得到关注。

在传统的农业活动中，耕作常被认为是一种作物种植的活动，是具有改善土壤物理性质、促进土壤养分吸收和释放、控制杂草等功能的农事活动。山区和丘陵区的地形崎岖、坡度较大的坡耕地连年从事高强度的农业耕作活动，不仅会破坏自然土壤结构，还使得土壤发生从凸坡向凹坡运动或从上坡向下坡运动。土壤在坡面发生规模化的再分布，形成了以耕作为动力的土壤侵蚀，即耕作侵蚀。耕作对农业生产的重要影响历来受到农民的重视，但耕作的负面效应即耕作侵蚀却未能引起人们的重视，其研究也相当薄弱。

一、耕作位移的定量评价

耕作侵蚀是指在坡耕地景观内，由于农耕工具和重力作用而引起的耕作位移，从而使土壤发生向下坡运动与向上坡运动 (依赖于耕作方向)，导致净余土壤量向下坡传输、堆积、重新分配的过程，耕作侵蚀量采用单次耕作单位面积的净土壤传输量来表示 (单位：$t \cdot hm^{-2}$)。耕作侵蚀的土壤传输量在耕地景观中直接表现为土壤的运动，因此在定量评价耕作侵蚀时，通常需要确定其土壤的耕作位移。耕作位移是指因耕作造成的土壤位置移动，可以用相对于耕作方向的某一特定方向的土壤位移量来表示[7]。一般利用示踪法来计算耕作位移量，其原理是在试验坡面测定其土壤所含背景示踪剂浓度后，选取示踪小区，将示踪小区的土壤和示踪剂混合后，测定加入示踪剂的土壤示踪物浓度，将土壤重新埋入示踪小区，然后进行耕作，通过测量耕作路径上耕作前后示踪剂浓度或质量的变化，测算其土壤位移量[30]。通常根据示踪剂类型可以将其分为物理示踪法、化学示踪法、磁性示踪法。

(一)物理示踪法

基于示踪测量法原理,目前已有研究中应用的物理示踪剂主要有金属颗粒[47]、岩石碎块[10]和小石子[40]。Govers 等[6]在利用金属颗粒测量耕作位移时,其金属粒的直径为15mm,耕作方式为犁耕和凿耕,耕作深度分别为 0.28m 和 0.12m,这里采用了 Lindstrom等提出的单次耕作的连续方程计算耕作位移,得出了不同耕作方式的平均耕作位移,犁耕和凿耕的耕作位移分别为 0.62m 和 0.55m,也得到了坡度与耕作位移距离间的线性函数关系。Nyssen 等[40]和 Revel 等[120]采用碎石法,耕作方式均为犁耕;Revel 等耕作深度为 0.27m,坡度为 0.18,获得顺坡耕作位移为 0.39m,逆坡耕作位移为 0.13m,而 Nyssen 等测得顺坡单次耕作位移为 0.047~0.343m。另外,Zhang 等[10]在我国四川盆地紫色土区坡耕地,用标记了颜色的小石子作示踪剂进行了耕作试验,此示踪剂取代了国外广泛应用的 ^{137}Cs 核素示踪剂,以耕作之后小石子沿耕作路径的重新分布来计算土壤向下坡的位移量,耕作方式为锄耕作,耕作方向为顺坡耕作,采用 Lobb 等的模型计算位移[30],测得在测定坡度内的位移范围为 0.15~0.39m。

(二)化学示踪法

化学示踪剂包括氯化物和放射性核素示踪剂。Lobb 等[30]使用化学示踪剂氯化物,主要是将氯化钾用作示踪剂混入土壤中,耕作工具主要有犁耕、凿耕、耙耕和锄草耕作机,顺坡耕作时均产生侵蚀,耕作深度和速度受耕作工具影响较大,和坡度间的关系较为复杂。放射性核素示踪剂主要有 ^{134}Cs、^{137}Cs、^{210}Pb、$^{239+240}$Pu 和 ^{7}Be[30, 121],这些核素也常在水蚀定量研究中用以标注水蚀作用下泥沙的沉积和侵蚀,其中,$^{239+240}$Pu 是一种能精准测算土壤位移量的示踪剂[122],与 Pu 相比,Cs 评估不够精准。De Alba 等[123]发明的低电磁感应技术也可用于测量耕作位移量。

(三)磁性示踪法

磁性示踪法所用磁性示踪剂主要是利用土壤本身具有一定磁性,并在土壤中加入磁性示踪剂以测量土壤位移量,这种方法相比于化学示踪法具有安全、方便快捷、高效等特点,目前被广泛应用到耕作侵蚀定量测定方法中。目前应用比较多的是我国紫色土区和干热河谷地区的坡耕地耕作侵蚀测量[34, 64, 66]。

二、耕作侵蚀的定量评价方法

目前已知的耕作侵蚀的定量计算方法主要有直接测量法和模型测量法。直接测量法包括示踪法(tracer method)、梯级法(step profile method)和格拉茨槽法(Gerlarch trough method)。模型测量法主要包括耕作位移模型测量法和耕作侵蚀模型测量法。

(一)直接测量法

直接测量法主要包括梯级法、格拉茨槽法和示踪法。

梯级法主要由 Turkelboom 等[76]根据坡耕地在经过长期强烈耕作后，在坡顶的土壤被搬运侵蚀掉后形成的一个梯形地形，通过测量该梯形地貌的长、宽、高，运用公式 $T=B \cdot d \cdot D(B+0.5X+0.4Y)$ 进行计算，如图 3.1 所示，其中 T 为土壤传输量(kg·m^{-2})，$B \cdot d$ 为土壤容重(kg·m^{-3})，D 为垂直于土壤表面的耕作深度(m)，B 为梯体下底面的长度(m)，E 为梯体上底面的长度(m)，β 为耕作后梯体最大的坡度角，α 为耕作前时的坡面坡度角，$X = \dfrac{D}{\beta} - \alpha$，$Y = E - B - X$，直接估算被侵蚀的土壤量，从而计算耕作侵蚀速率。

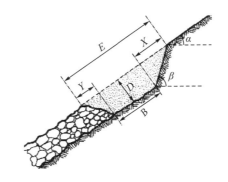

图 3.1　坡耕地上坡土壤侵蚀形成的梯级槽[76]

格拉茨槽法是在耕作试验时，先在坡耕地底部安装一个长、宽、高分别为 0.6m、0.4m、0.5m 的长方体槽，在该槽上部开口，开口处与坡耕地表面齐平，在坡耕地耕作后把进入该槽的土壤收集起来称重，土壤重即为土壤侵蚀量，运用公式 $T=M \cdot D_M / W$[82]即可计算出耕作土壤传输量，其中 T 为耕作土壤传输量，M 为进入槽内的湿土重量，D_M 为矫正因子(干土占湿土重的百分比)，W 为槽的宽度。

直接测量法中梯级法和格拉茨槽法均是针对特定地区而采取的计算方法，并不适用于其他地方。而示踪法是在控制一些试验条件的前提下研究地形、土壤、耕作深度、耕作方向等对土壤分布的影响，然后以这些影响因素以及耕作位移、耕作侵蚀量来建立耕作侵蚀模型。如前文所述，定量测量耕作侵蚀的示踪方法根据其示踪剂的类型分为物理示踪法、化学示踪法和磁性示踪法。这些示踪方法经历多次优化和改良，在不同地区有不同的应用，为耕作侵蚀研究提供了多种选择，但是不同方法的测算精度存在较大差异，也有学者开始注意到这些测量耕作侵蚀方法的准确性和适应性[77]。

(二)模型测量法

前文所述耕作侵蚀的直接测量有多种测量方法，但不同方法得到的结果存在差异，需要发展一种能融合多种影响因子的模型。模型测量法主要采用示踪法测量耕作位移量，对耕作影响因素进行分类控制，找出耕作位移和耕作侵蚀的主要影响因子，建立影响因子与耕作位移量和耕作侵蚀速率之间的函数关系，定量估算耕作侵蚀速率。在野外试验中，核素示踪法是运用较为成熟的示踪法，可以减少使用物理示踪剂的测验误差。一种方法是借助模型将 ^{137}Cs 损失量或富集量换算成土壤沉积量或侵蚀量，通常用 ^{137}Cs 损失量与土壤侵蚀量建立指数函数关系，这是基于试验数据建立的经验模型，特点是尺度上过小、适用范围较窄，低估了耕地的土壤侵蚀量，高估了非耕地的侵蚀量，而且 ^{137}Cs 计算的结果是基于坡面耕作侵蚀和水蚀的总量，需要再次计算耕作侵蚀量。另外一种理论模型是假设耕作层内的 ^{137}Cs 与土壤完全均匀混合，土壤侵蚀量依据 ^{137}Cs 损失量直接计算，以 Walling 等[124]的模型为代表，而张信宝的质量平衡模型是简化版，能够更好地适应我国实际情况，应用较广[125, 126]。

耕作侵蚀影响因子研究的不断发展，极大促进了耕作侵蚀的定量和预报研究，考虑多因子作用能更加精确地定量计算耕作侵蚀量，学者们普遍认为必须以耕作侵蚀过程及影响因子为基础建立耕作侵蚀模型，才能如实反映耕作侵蚀情况，这也是耕作侵蚀估算模型研究的主导方向。目前基于单个坡面的耕作侵蚀模型主要有土壤侵蚀预报 (tillage erosion prediction，TEP) 模型、耕作土壤再分布 (soil redistribution by tillage，SORET) 模型、耕作位移模型 (tillage displacement and terrain models，TillTM) 等[12, 123, 127]，这些模型考虑了耕作工具特征和耕作方式，但仍然各自有不足之处。Van Oost 等[67]从小流域尺度用模型模拟了水蚀和耕作侵蚀造成的土壤空间分布，考虑了土地利用类型和地块边界的影响。Vieira 等[128]考虑坡度和耕作方式，利用 GIS 获取等高线数据、耕作方向、边界以及植被植物篱等信息，模型能有效评估复杂边界、不同耕作方向和坡度综合作用下的耕作位移。Van Oost 等[129]利用基于地形的水蚀和耕作侵蚀模型研究了中长期土壤侵蚀及其对土壤特征影响，该模型能描述长期水蚀的空间分布模式。

近年来，除了常用的示踪方法和模型外，也有人采用了一些新的技术和设备进行耕作侵蚀测定。比如 Meijer 等[85]利用地面雷达测量不同耕作处理的高程变化，与免耕作参照，计算得到耕作侵蚀量每年最大达 $1891 t \cdot hm^{-2}$，每年平均达 $67.5 t \cdot hm^{-2}$。Pineux 等[86]利用无人机技术产生的地面数字高程模型，评价了流域尺度上的土壤侵蚀，其可以评价侵蚀性降雨前后高程差异变化，也可以观测沿坡面侵蚀和沉积的趋势。另外，在云南干热河谷区坡耕地，在坡面尺度也采用激光扫描技术测定在水蚀作用下水蚀沟对耕作侵蚀的影响，将其和磁性示踪方法进行对比，两者均能很好地反映耕作侵蚀变化趋势，并具有较高的精度[66]。

三、耕作侵蚀评价的时间尺度

土壤侵蚀研究的时间尺度可分短期、中期和长期，对于农业生产中的耕作侵蚀也可根据其种植特性分为短期(1～3 年，农业生产中通常免耕期不超过 2 年)、中期(4～100 年，近 100 年的农业生产中耕作活动最频繁)、长期(大于 100 年)。目前的耕作侵蚀研究方法中，利用耕作侵蚀模型，通过 ^{137}Cs 测定的耕作位移量得到耕作侵蚀量即是基于中长期尺度计算得到的年报平均结果；另外，采用梯级法和同位素示踪法也是测量中长期尺度的耕作侵蚀；而物理示踪法、格拉茨槽法、化学示踪法和磁性示踪法均是短期尺度的直接测量方法。

　　从空间尺度来说，耕作侵蚀的研究可以分为坡面尺度、景观尺度和流域尺度。目前绝大多数的耕作侵蚀机理研究均是基于坡面尺度，其也是一种短期研究，采用的测定方法也多是示踪法，一般是研究耕作工具单次耕作引起的土壤位移，采用控制影响耕作侵蚀的多因子(耕作方向、深度和速度、坡度坡长、土壤特性等)研究某一因子的影响。当然坡面尺度的研究也常常采用连续耕作的方式研究中期尺度规模[66, 130]，但是这种方式排除了水蚀和其他因素的影响，结果可能偏大或者偏小。20 世纪 90 年代以来，随着以 ^{137}Cs 为代表的核素示踪剂在土壤侵蚀中的广泛应用，耕作侵蚀也采用该方法进行定量测量，该示踪法可对耕作侵蚀进行中期尺度研究，可应用到坡面尺度、景观尺度甚至是流域尺度的耕作侵蚀研究，可以说同位素示踪法为耕作侵蚀的中期时间尺度研究和不同空间尺度研究提供了有效手段，也便于不同区域进行比对。基于同位素示踪法的特殊性，该方法无法对短期和长期的耕作侵蚀进行准确的定量评价。

　　随着新技术的不断发展，耕作侵蚀研究也进入新的大发展时期，特别是耕作侵蚀效应研究和更大尺度的研究成为新的研究热点，另外，预测更大尺度的耕作侵蚀是研究的难点。David 等[131]利用 LandSoil 模型研究景观尺度内的不同土地利用措施的土壤再分布特征，揭示土地利用是景观尺度土壤沉积的主要控制因素。Temne 等[132]建立了多指标多进程的景观尺度演化模型(landscape evolution models，LEMs)，以此模拟水蚀和耕作侵蚀共同作用下长期的地形演化过程，并评价其有效性。Peeters 等[133]用 WATEMLT(water and tillage erosion model)重建小流域历史时期的古地形，Baarknan 等[134]利用 LEMs 分析了大流域尺度(250km^2)下耕作侵蚀对地形的影响，即在陡坡景观坡脚位置形成沉积地形景观。

第二节　耕作侵蚀效应评价

　　在农业生产活动中，坡面土壤再分布不仅受到水蚀的影响，也受到诸如耕作工具、方向、速度、深度、坡度、坡长、坡向和土壤性质的影响；反之坡面耕作侵蚀也会对地形景观、土壤性质、土壤养分再分布、坡面水文特征和农作物产量等产生影响。

一、影响地形景观演变

　　在地形起伏的坡耕地进行耕作活动引起土壤在坡面再分布对地形的进一步演化起到关键作用[25]，耕作侵蚀使得坡耕地土壤在上坡(凸部)流失，削减上坡地形，并使土壤在下坡(凹部)堆积，从而抬高下坡地形，最终使得坡耕地相对高度减小，引起坡面微地形的演化。在平坦的耕地上，单次耕作同样会导致土壤发生位移，但是多次耕作并不会产生土壤的直接净位移，土壤不产生侵蚀。耕作侵蚀与水蚀的最大差异就是耕作侵蚀并不直接导致土壤被搬运出地块，在复合地貌区土壤在坡面凸部被侵蚀掉，在凹部沉积，而在线性坡面的坡耕地，耕作导致土壤从上坡运移到中部，再到下部堆积[9, 30]。

耕作侵蚀会降低坡面相对高度，使坡度产生变化。Govers 等[47]运用一维斜坡演化模型在比利时复合坡面开展的地貌模拟研究表明，长期的耕作侵蚀作用明显影响了坡耕地景观的地貌演化，预测得到的地貌因子能很好地与现实地貌因子拟合，相关性较好。耕作对地形演化的影响还表现在上坡净侵蚀，下坡净堆积。在泰国山区陡坡地进行连续耕作的试验结果表明，耕作造成坡顶土壤流失，形成一个梯形结构，而在坡脚土壤大量堆积，使得地形变缓[76]。另外在下坡建立石埂以拦截土壤，连续耕作试验后石埂上部土壤明显堆积，使得石埂上部明显增高[40]，Papendick 等[55]在美国坡耕地研究发现下坡的土壤堆积高度可达 3~4m。而在我国黄土高原地区坡耕地的连续 50 次畜耕试验也发现，坡顶土壤明显变薄，而下坡土壤堆积明显，土壤厚度增加，上坡位坡度角从 37°减小到 14°，下坡位坡度角从 18°直接降为水平，坡面整体坡度变缓[19]。

耕作侵蚀会导致坡耕地阶梯化。Dabney 等[135]在坡面设置植物篱(草)，长期耕作侵蚀使得上坡侵蚀严重，海拔降低，下坡土壤堆积，海拔升高，最终使得该坡面(植物篱之间)形成趋于水平的台地。泰国山区坡耕地的试验结果也证明了因为植物篱在下坡面的拦截作用，使得坡面土壤在植物篱上部堆积形成田埂，最终形成梯地[12]。Dercon 等[29]利用一维斜坡演化模型，模拟厄瓜多尔坡耕地在耕作侵蚀作用下植物篱带间的地形演化，结果发现，连续耕作 20 年会导致坡地地形发生明显变化，预测 50 年左右可以使得坡地演化成水平梯田，坡度越大其演化速度越快。

耕作侵蚀对坡耕地地形的演化会导致坡地景观破碎化。具体表现是坡顶土壤层严重变薄，甚至母岩裸露，坡长变短，作物种植连续性降低。对于复合坡坡耕地，长期耕作侵蚀使得凸部土壤损失严重，土壤损失可能导致母质、基岩裸露，土地退化，耕地减少，耕地变得不连续，复合坡凸出部位耕地丧失，整个复合坡地景观耕作破碎化。对于线性坡耕地，长期耕作侵蚀会导致坡顶土壤完全损失，侵蚀逐渐向中坡延伸，使得坡长变短，如我国三峡地区坡耕地坡长本身较短，耕作侵蚀加剧使得坡耕地坡长减少，最终可能使得多块坡耕地组合，地形变得更加陡峭。在川中丘陵区，线性坡坡耕地的坡顶土壤损失明显，造成坡顶基岩裸露，耕地面积减小，另外，坡顶基岩、母质的裸露使得降雨后坡面径流增加，加剧土壤水蚀，进一步加剧了地形演变。

二、影响坡面土壤理化性质

耕作侵蚀导致坡耕地微地形不断演化的同时，也使得土壤内部剖面不断产生变化。在农业耕作坡耕地上，水蚀和耕作侵蚀会同时发生，坡耕地不同坡位和土层的理化性质也随之发生相应变化。研究者利用示踪法、模型模拟法和田间调查法等方法定量评估耕作侵蚀，同时确立耕作侵蚀对土壤性质的影响。坡面耕作侵蚀发生后，土壤发生再分布，土壤性质也向坡面、垂直方向和侧向发生变化，耕作强度越大，其异质性也越大。

(一)物理性质的变化

耕作侵蚀是对土壤的搬运也是对土壤结构的破坏。Agus 等[136]发现在植物篱系统下，耕作侵蚀作用下的坡面水分含量分布特征是下坡最多、中坡次之、上坡最少；透水性是从下坡向上递减。Li 等[19]在中国黄土高原地区坡耕地研究驴耕 5 次耕作后土壤表层质量的变化，上坡和中坡位置的土壤容重均有不同程度变化。Wang 等[16, 137]在四川盆地紫色土坡耕地的研究表明，20 次耕作后坡面的水稳性团聚体(粒径＜0.25mm)平均增加约 37%，平均重量直径团聚体上坡和中坡明显减小，耕作侵蚀导致坡面团聚体分布异质性增大，同时造成大团聚体结构的破坏，减少耕作不仅有利于减少侵蚀，而且有利于改善土壤结构。由于耕作侵蚀的搬运作用，多次耕作后，坡顶表层土壤不断被搬运至下坡位置，上坡下层靠近母质的土壤被翻转到表层，导致表层土壤容重增加，即耕作过程中锄头的翻转作用改变了土壤容重在垂直方向的分布[138]。希腊雅典北部的坡耕地试验表明，严重的耕作侵蚀导致凸坡部位土层浅薄，沙砾含量增高，土壤黏粒含量降低，而在凹坡部位土层变厚，土壤黏粒含量增高[21]。

(二)化学性质的变化

在土壤搬运过程中，耕作侵蚀不仅改变了土壤物理性质，而且改变了土壤化学性质(表 3.1)。Quine 等[18]在英国南部进行的耕作侵蚀试验表明，绝大多数的土壤化学性质与耕作侵蚀显著相关($P＜0.01$)，De Alba 等[139]在美国明尼苏达州进行的耕作侵蚀试验表明，坡面每个部位的碳酸钙含量均会发生变化，耕作侵蚀发生部位的碳酸钙含量降低，沉积部位碳酸钙含量增加，碳酸钙含量变化能很好地表征土壤在坡面的侵蚀过程。耕作侵蚀不仅使顺坡土壤发生再分布，在垂直方向上的土壤也在发生混合作用，Papiernik 等[22]在明尼苏达州进行的调查发现，犁耕作用下，随着犁底层土壤被翻转到表层，犁底层富含的大量碳酸钙也随之混入耕作层，使得耕作层土壤碳酸钙含量增加，pH 增大，犁底层土壤有机质含量较少，导致表层有机质含量降低；顺坡方向上沉积区的碳酸钙含量和 pH 降低，有机质含量升高。Heckrath 等[89]在丹麦研究了耕作侵蚀强度对土壤质量和作物产量的影响，土壤剖面有机碳和磷的含量从坡肩到坡脚逐渐增加，耕作位移与有机碳含量、磷含量密切相关，说明耕作侵蚀对有机碳含量有重要影响，并增加了养分流失的风险。

王占礼等[140]在中国黄土高原坡耕地的耕作侵蚀模拟试验表明，在耕作侵蚀作用下，侵蚀区的碱解 N、速效 K、有机质及阳离子交换量的含量呈减少趋势，而在沉积区呈增加趋势。另外，Li 等[19]也在黄土高原坡耕地的耕作侵蚀试验中得出：连续 5 次耕作后上坡到中坡的有机质含量从 8.3g·kg^{-1} 减少为 3.6g·kg^{-1}，碱解 N 含量从 43.4mg·kg^{-1} 减少为 17.4mg·kg^{-1}，交换态 P 含量从 4.5mg·kg^{-1} 减少为 1.0mg·kg^{-1}，所测定的养分坡面变化趋势均是从上坡向中坡递减。另外 Zhang 等[23]在中国四川中部紫色土区丘陵区的模拟耕作试验表明，耕作次数增加会导致 SOC 含量在上坡减小、下坡增加。不同耕作方向上 SOC 的聚集效果存在差异，逆坡耕作比顺坡耕作更有利于 SOC 的聚集[43]。耕作侵蚀不仅导致土壤养分在坡面顺坡分布产生变化，也对其在土壤剖面的垂直方向上的分布产生影响。Li

等[24]通过模型模拟耕作位移表明，耕作使土壤侵蚀区的有机碳含量在耕层随耕作次数增加而逐渐降低，而在土壤沉积区亚表层逐渐升高。在四川中部紫色土区丘陵区坡耕地的调查表明，SOC 和 TN 含量从坡顶到坡脚呈增加趋势，表土的 SOC 和 TN 含量明显比未耕地要小[141]。另外在中国东北黑土区坡耕地的研究表明，随着耕作强度的增加，粒径大于 0.25mm 土壤团聚体有机碳增加，小于 0.25mm 则减小，其他不同粒径的土壤团聚体有机碳和耕作侵蚀强度响应关系各不相同，但总的来说受耕作侵蚀影响较大[142]；受水蚀和耕作侵蚀-沉积作用影响，侵蚀区的 SOC、颗粒有机碳、水溶性有机碳在侵蚀点的含量低于沉积区，而微生物量碳有相反变化趋势[68]。在四川绵阳紫色土坡耕地开展的旋耕机耕作试验结果也表明，多次耕作后(20 次和 40 次)坡顶土壤 SOC 和 TN 含量明显减小，坡脚表层(0~5cm)SOC 和 TN 含量降低，而 5~20cm 土层则增加，说明旋耕机等高耕作作用下，土壤同时发生顺坡传输和垂直迁移，相互作用下导致侵蚀区和沉积区呈现不同的 SOC 和 TN 含量垂直分布特征[70]。

表 3.1　侵蚀区耕作侵蚀对土壤性质的影响

	物理性质	化学和生物性质
增加	侵蚀区砾石含量	沉积区有机碳含量
	侵蚀区土壤容重	沉积区养分含量
减小	团聚；破坏大团聚体	侵蚀区营养物质
	水分和热通量	侵蚀区有机质含量
	水分传输速率	阳离子交换量
		地上和地下生物量
		微生物的繁殖和活度

(三) 作物产量

坡耕地耕作侵蚀对农作物产量产生影响的主要原因是影响了坡面土壤的主要理化性质，特别是造成土壤养分流失，使得坡耕地土壤质量退化，肥力降低，最终导致农作物减产。耕作侵蚀对土壤肥力的影响最终会反映到作物生产指标上，前述的耕作侵蚀对土壤理化性质的一系列影响，比如土层厚度、容重、水分、团聚体、质地等物理性质，以及有机质、pH、碳酸钙、氮磷钾等营养元素的改变都会直接影响肥力，最终影响作物产量。坡耕地上坡肥沃的耕作土层被剥蚀掉，土层变薄，母质或基岩裸露，土壤质量严重退化，生产能力降低，造成减产。Lobb 等[25]在加拿大坡耕地的研究结果表明，凸面景观区域严重的土壤侵蚀导致作物减产 40%~50%。Heckrath 等[26]在丹麦研究得到耕作侵蚀对作物产量的影响，结果表明作物产量与 137Cs 表征的耕作位移和侵蚀速率有显著的相关性，坡顶冬大麦的产量最低，并向下坡部位增加，和 SOC、P 有相同的分布规律。在中国西南丘陵区，张建辉等[10]通过田间调查和分析 137Cs 表征的耕作侵蚀与作物产量关系发现，坡顶为耕作侵蚀区，坡脚为耕作沉积区，同一坡面上，坡顶的土层厚度明显减小，仅有坡脚土层厚度的 30%，而坡顶作物产量不到坡脚作物产量的 50%，分析认为一方面原因是耕作侵蚀导致坡顶较肥沃的土壤被传输到坡底部,坡顶土壤肥力降低,最终导致作物减产;另一方面原因是水蚀的作用将坡顶的土壤养分运移出坡面,导致坡顶土壤养分流失严重,肥力降低。在已有的研究文献中,无论是机械耕作还是人力耕作,复合坡还是线性坡,坡面土壤整体肥力降低是耕作侵蚀和水蚀共同作用的结果,因此,坡面土壤农作物产量的降低不是单一坡顶降低,而是坡面作物产量整体降低。

三、影响坡面水文特征

耕作侵蚀改变坡耕地坡面水文特征主要是通过改变坡面形态和土壤剖面特性,使得整个坡耕地的水文过程(如田间持水量、入渗、产流等)产生改变。

入渗是指降雨至地表,水分从地表向土壤渗透的过程。入渗过程决定了降水在地表径流、壤中流、土壤水和地下水分配额度,是坡面水文过程的关键环节。土壤水分入渗受到土壤性质的影响。土壤性质主要与机械组成、水稳性团聚体、容重等要素有关,土壤质地越粗,透水性越强;土壤稳定性渗透率随粒径大于 0.25mm 的水稳性团聚体含量的增加而增加;容重减小、土壤渗透率增加,反之容重增大、渗透率减小。学者通过研究不同土壤特性与入渗的关系发现,稳定入渗率与土壤结构显著相关,有效孔隙率和稳定入渗率有显著相关性,即有效孔隙率越大,其稳定入渗率越大。王勇[15]的紫色土模拟耕作试验表明强烈耕作导致土壤的持水量发生显著改变,25 次和 45 次模拟耕作后累积入渗量分别减少了 50.67%和 68.44%,强烈耕作引起上坡侵蚀区土壤入渗率和累积入渗量明显降低,导致地表径流量显著增加。

坡度是影响降雨入渗过程的地形要素之一。目前,多数研究者认为坡面入渗率随坡度增大而减小,主要是由于随着坡度增加,水流沿坡面方向的分力增大,而作用于坡面的垂直作用力减小,导致土壤入渗率下降。在坡面土壤侵蚀的研究历程中,有较多研究成果证明了坡度与入渗率的关系,周星魁等[143]在河北张家口市的马家沟流域实验结果表明,稳定入渗率随坡度增加逐渐减小;蒋定生[144]在黄土高原利用人工模拟降雨研究了坡度对入渗率的影响,结果也表明稳定入渗速率随坡度增加而减小。石生新[145]研究了在高强度降雨下不同坡度、植被覆盖和降雨强度对土壤水分入渗的影响,发现累积入渗量与坡度成反比,影响累积径流深的临界坡度明显存在。不同时段、不同植被类型的临界坡度角在 24°～30°变化。

耕作通过坡度改变坡耕地的入渗过程,同时由于耕作深度、土层深度和土壤孔隙度等剖面因素而改变整个坡面的水文过程。Gupta 等[146]利用模型分析了耕作对土壤容重、土壤持水量和水文特性的影响,证明了耕作对土壤特性和水文特性具有显著影响。Mahboubi等[147]在美国进行的耕作试验表明,28 年耕作后不仅减小了团聚体粒径,也导致土壤的孔隙度(小于 14mm)减小。Pierce 等[148]研究发现,耕作对总孔隙度和大孔隙短时间有增加作用,土壤容重短时间内显著增加。从以上研究可发现,短期耕作可使得土壤容重增大,但是长期耕作对土壤容重有减小作用,土壤孔隙度在短期耕作后变大,特别是大孔隙度变大明显,而小孔隙度却显著减少。这些土壤剖面特征的变化相应地改变了土壤的持水能力和土壤水分的传导能力。Mahboubi 等[147]在美国进行的 28 年耕作试验结果显示，耕作导致土壤持水能力降低。Brandt[149]通过比较 12 年免耕和连续耕作的田间持水量表明，耕作使得土壤含水量显著降低。Kosutic 等[150]在克罗地亚的研究也表明连续耕作会导致土壤含水量降低。目前关于耕作扰动导致坡地土壤水分条件变化的研究较多，总的来说其降低了土壤含水量。

四、影响水蚀

耕作引起土壤入渗变化的同时，也导致上坡土层深度、土壤孔隙度等土壤剖面因素的改变，最终使得整个坡面的水文过程发生显著变化。水文条件变化的最终结果是导致坡面产流和产沙变化，影响坡面水蚀。目前，耕作侵蚀对水蚀的影响究竟是促进作用还是削弱作用，学界尚未达成一致。

一部分学者认为，坡面耕作侵蚀削弱了水蚀。Paningbatan 等[151]和 Garrity 等[152]的研究认为，由于植物篱的拦截作用，耕作引起土壤在下坡堆积，从而降低坡度达到削弱水蚀的作用。Poesen 等[28]研究认为，砾石土耕作侵蚀削弱了径流侵蚀。Dercon 等[29]在厄瓜多尔的安第斯山地区的研究表明，由于植物篱的阻拦作用，耕作侵蚀搬运的土壤减缓了坡面坡度，坡地逐渐演变成梯地，有利于减弱水蚀作用。Abrisqueta 等[153]在地中海杏林地区进行试验研究表明，耕作后的土壤变得疏松，土壤入渗能力增加，地表径流减小，侵蚀力减弱，从而缓解水蚀。

但是，目前相当多的学者通过野外模拟试验和调查认为，耕作侵蚀加速了坡面水蚀。在希腊雅典地区的耕作试验表明侵蚀部位土层变薄，土壤储水能力降低，增加了水蚀[21]。在疏松和翻转整个耕层的过程中，耕作不仅导致土壤向下坡移动，同时改变了土壤耕层理化性质，削弱了土壤抗蚀性，间接地促进了水蚀的发展[30, 31]。Wang 等[32]在重庆忠县地区进行的模拟降雨试验表明，强烈耕作侵蚀导致上坡土层变浅，增大坡面产流，增强坡面产沙，同时为坡面径流提供物源，从而增大坡面产流产沙。在云南干热河谷区坡耕地的模拟降雨试验也表明，随着耕作强度的增加，无论顺坡耕作还是逆坡耕作均增加了坡面径流，其产沙量均显著增加，显然坡耕地耕作加剧了耕作侵蚀。

由以上可知，关于坡耕地耕作侵蚀对水蚀的影响是增强还是削弱，目前还没有定论。坡耕地耕作侵蚀与水蚀的相互作用是一个相当复杂的过程，影响因素较多，在诸多因素作用下，目前的控制试验很难真实还原其作用机理和过程，需要进一步在诸因子共同作用下进行模拟研究，才能得出客观真实的结论。

第三节　耕作侵蚀模型

耕作侵蚀定量评价方法一种是直接定量评价，另外一种是基于野外试验数据建立相关指标的模型，计算其侵蚀量。耕作侵蚀模型主要包括耕作位移模型和耕作侵蚀模型。

目前，研究多采用示踪法在控制影响因子的条件下研究地形、耕作速度、深度和工具对土壤再分布的影响，通过不同影响因子与耕作位移和耕作侵蚀量之间的关系建立耕作侵蚀模型。

一、耕作位移模型

最早由 Lindstrom 等[78]建立了不同耕作方向下坡度角与耕作位移之间的关系。Govers 等[47]系统提出了耕作位移与坡度角间的线性关系。大量研究证明在耕作方向和耕作工具一定的条件下，特定区域耕作位移受坡度角影响最大，已有的研究数据发现，耕作位移(D)和坡度角(S)间具有很好的线性正相关关系，通常用 $D=K_1+K_2 \cdot S$ 表述，仅当坡度角特别大（41°）时，位移增加较快，二者呈现指数关系[28]（表 3.2）。

表 3.2　耕作位移与坡度角拟合模型

耕作工具	耕作方向	坡度角/(°)	拟合方程	拟合系数	显著水平	来源(参考文献)
机械耕作	顺坡	9	$D=0.29-2.07S$	0.81	<0.001	[6]
	逆坡	11	$D=0.34-0.61S$	0.21	>0.05	
	顺逆坡交替	20	$D=0.34-1.02S$	0.64	<0.001	
	顺坡	6	$D=0.23-1.02S$	0.61	0.066	[47]
	顺逆坡交替	12	$D=0.28-0.62S$	0.68	<0.001	
	顺坡	6	$D=0.12-0.69S$	0.77	0.02	[107]
	逆坡	6	$D=0.24-1.39S$	0.89	0.005	
	顺坡	10	$D=-0.66S$	0.56	—	[28]
	顺逆坡交替	11	$D=0.56\exp^{-2.58S}$	0.46	—	
锄耕	顺坡	16	$D=0.0406+0.0524S$	0.314	0.0239	[11]
	等高	16	$D=0.0257+0.0371S$	0.242	0.0529	
畜耕	等高	7	$D=0.095-0.2379S$	0.79	0.01	[154]
	等高	16	$D=0.0341+0.54S$	0.84	$6e^{-7}$	[40]

在机械化耕作区，耕作位移模型中顺坡耕作位移为负数，逆坡耕作位移为正数，从已有研究成果即机械化耕作下耕作位移与坡度角拟合函数可发现，顺坡耕作得到的耕作位移总体上要大于逆坡耕作下的耕作位移，这与现实中顺坡耕作在重力和机械力共同作用下导致的土壤位移距离增加，而逆坡耕作因重力和机械的反作用力下土壤顺坡位移变小是一致的。在非机械化耕作区以锄耕和畜耕为主，耕作方向相对单一，主要为等高耕作和顺坡耕作，不存在顺坡和逆坡的往复耕作。因此，我国以锄耕和畜耕为主的坡耕地，学者们建立的耕作位移与坡度角间的关系以一次项正为主[11]。

耕作位移除了受到坡度角的影响外，还受到耕作方向、深度、速度及耕作前土地状况等的影响。在以上诸多因素影响下，耕作位移与坡度角单一的线性关系很难真实反映耕作位移特征。由等高耕作和顺坡耕作情况下坡度角与耕作位移间的线性关系可以发现，其存在显著差异[117]，Jia 等[34]在云南干热河谷区坡耕地研究不同耕作角度下耕作位移的变化发现，不同耕作侵蚀强度下存在一个控制侵蚀加剧的临界角度。在缓坡(5°)，耕作侵蚀强度控制在微度侵蚀下耕作角度应当大于 91°，即在缓坡应至少采取等高耕作的措施；在中坡(10°)，耕作侵蚀强度控制在微度侵蚀下的耕作角度应当大于 105°，即在中等坡度角的坡耕地，至少采取斜向上耕作的措施；在陡坡(25°)，耕作侵蚀强度控制在微度侵蚀下耕作角度应当大于 139°，即在陡坡的坡耕地，至少采取斜向上耕作或逆坡耕作方式，才能控制耕作侵蚀强度在微度侵蚀。因此，Quine 等[44]提出了将耕作方向考虑进该模型中，建立一个二维耕作模型来解决该问题。Wang 等[154]在中国黄土高原坡耕地的研究发现，耕作深度对耕作位移的影响大于坡度角。耕作深度是影响耕作位移以及耕作侵蚀速率的重要因子。Jia 等[36]在云南干热河谷区坡耕地进行的不同耕作深度的研究表明，在控制侵蚀强度在微度侵蚀情况下，在坡度角为 5°～12°的坡耕地，耕作深度应当小于 0.05m；在坡度角为 13°～30°的坡耕地，耕作深度应当小于 0.04m。Van Muysen 等[107]在草地和耕地两种类型下进行的耕作试验表明，耕作位移与坡度角间存在显著差异。

目前耕作位移模型主要是建立与坡度角间单因子的拟合模型，往往忽视了耕作方向、耕作深度和耕作前土地利用情况等因子的影响，以后的研究中应当着重建立耕作位移与多种影响因子间的函数关系，以完善耕作位移模型。

二、耕作传输量模型

耕作侵蚀速率不仅与耕作位移相关，也与土壤容重、耕作深度、速度、坡度、土壤初始条件相关。但总的来说，在耕作位移确定的情况下，土壤容重可以决定耕作侵蚀强度。目前表征耕作侵蚀强度的因素主要是耕作土壤传输量。

目前已知的计算耕作土壤传输量的模型主要有两种，一种是 Govers 等[47]提出的适用于机械化耕作区、复合地貌情况下的模型为 $Q=KS$，这里先要确定耕作传输系数(K)，才能计算耕作侵蚀量；Quine 等[44]改进了该模型，使其适用于非复合地貌区，表达式为 $Q=K_3+K_4S$，非复合地貌区的土壤耕作位移仅是单一的向上坡或者下坡运动，而复合地貌区的土壤耕作位移是一种往复式运动，所以多次耕作后造成的净土壤传输量比单一的线性坡小。在单一的耕作方向下，美国和西欧机械化区复合地貌下的土壤传输系数达到 230～350kg·m^{-1}·a^{-1}，其采用的模型为 $Q=KS$；而在中国南方紫色土丘陵区坡耕地线性坡，Zhang 等[11]利用模型 $Q=K_3+K_4S$，采用锄耕得到的土壤传输系数 K_3 和 K_4 分别为 25～31kg·m^{-1}·a^{-1}、141～153kg·m^{-1}·a^{-1}，其明显比机械化区小，也符合实际。另外一种模型是由 Poesen 等[28]提出的 $Q=Dd\rho$，即将影响耕作侵蚀的主要因素(耕作深度、容重和耕作位移量)直接相乘而得到土壤传输量，不再计算土壤传输系数，但是不同耕作方向其模型存在差异，应当采用不同模型[107](表 3.3)。

表 3.3　坡耕地土壤耕作传输量预测模型

耕作方向	预测模型	备注	来源(参考文献)
等高	$Q = D \cdot d \cdot \rho$	D 为耕作深度，ρ 为土壤容重，	[28]
上下交替	$Q = D \cdot (d_{下} - d_{上}) \cdot \rho / 2$	d 为平均耕作位移距离	
上下交替	$Q = K \cdot S$	K 为土壤传输系数，S 为坡度	[47]
向下坡	$Q = D \cdot \rho[(A_{下} + B_{下}S) - A_{上}] / 2$	$A_{下}$、$B_{下}$ 为耕作位移距离系数，$A_{上}$ 为向上耕作位移，D 为耕作深度，ρ 为土壤容重，S 为坡度	[107]
向下坡	$Q = K_3 + K_4 \cdot S$ $K_3 = d \cdot k_1 \cdot \rho$ $K_4 = d \cdot k_2 \cdot \rho$	k_1、k_2 为位移系数，S 为坡度，ρ 为土壤容重，d 为平均耕作位移，K_3、K_4 为土壤传输系数	[44]

　　耕作侵蚀速率是表征耕作侵蚀强度的指标，目前常用的耕作侵蚀速率模型由 Lindstrom 等[12]提出，表达式为 $R = \dfrac{Q}{L}$，这里耕作侵蚀速率(R)与坡长(L)成反比，与耕作传输量(Q)成正比，即耕作侵蚀严重的地区一般是坡度较大、坡长较短的坡耕地。Van Muysen 等[33]提出应该考虑具体耕作措施来计算耕作侵蚀速率，将一年内出现的犁耕、凿耕、铲耕等多种耕作措施综合作用进行耕作传输系数累加，计算出多种耕作工具下的耕作传输系数，最后得到传输量，这样可反映一年某地块的总耕作侵蚀速率。

第四章　西南干旱河谷区耕作侵蚀研究

第一节　研究区概况

西南干旱河谷主要分布于横断山区,主要涉及流域有白龙江、岷江、大渡河、雅砻江、金沙江、澜沧江、怒江和元江,其形成与青藏高原的隆起密切相关,对全球气候的反应非常敏感,普遍观点认为干热河谷气候的形成是"焚风效应"的结果。由于特殊的气候和地质地貌因素,广泛分布的坡耕地是该区泥沙的主要来源,也是长江流域土壤侵蚀最严重的地区之一;该干旱河谷区恶劣的气候与土壤条件,加上人类长期不合理的土地利用,使其成为我国生态环境较为脆弱、水土流失较为严重的山区[156]。数据表明西南干旱河谷区 5°以上坡耕地占比达 78.5%,陡坡地占比大,坡耕地土壤侵蚀量超过总土壤侵蚀量的 60%。坡耕地严重的水土流失不仅导致土地质量退化、作物减产、区域经济发展滞后,也会产生面源污染,造成江河湖库泥沙淤积,威胁下游人民生命财产安全。因此,研究坡耕地土壤侵蚀有利于尽快遏制水土流失,逐步恢复与重建该区的生态环境系统,促进整个区域经济和环境的可持续发展。目前西南干旱河谷区坡耕地耕作侵蚀研究主要集中于三个区域:云南东川干旱河谷区、云南元谋干热河谷区和四川凉山州干旱河谷区,这些区域的研究内容主要涉及耕作侵蚀的定量化方法、影响因子、临界因子确定以及与水蚀关系等。

第二节　云南东川干旱河谷区

一、云南东川干旱河谷区概况

本区研究选择长江支流金沙江流域山地不同垂直带的坡耕地作为研究对象,具体是位于云南的东川区蒋家沟流域(26°14′N,103°08′E)。

东川研究区位于长江上游金沙江一级水系小江右岸的一条支流,试验点大松山位于主要支沟大凹子沟,在云南东川泥石流国家野外科学观测研究站背面。流域内气候干热,2300m 以上为温带针阔叶混交林,地表为山地棕壤和黄壤,2300m 以下为亚热带阔叶林和半干旱稀树草原带,地表为红壤。东川区区内土壤以海拔而言,由下而上分布着燥红土、红土壤、黄红壤、棕壤、亚高山带草甸土等土壤类型,而在河谷地区分布有较广的砾石土,区内山地垂直带坡耕地具有典型分带特征。基于该区不同垂直带上两种不同的土壤类型,进行不同垂直带上坡耕地模拟耕作试验。

二、试验设计与计算方法

(一)试验区选择与设计

云南东川干旱河谷区坡耕地耕作侵蚀试验点主要位于云南东川金沙江支流小江右岸大凹子沟的大松山，大松山山脚沟谷两岸谷坡较陡，侵蚀强烈，滑坡、崩塌等重力侵蚀活跃，地带性土壤不发育，多为母质土，具有一定棱角的角砾含量较高，土壤类型为崩塌坡积成因的砾石土(粗骨土)，主要地带性土壤为燥红土和变性土，部分地方分布有非地带性紫色土。该试验点主要选取河谷区下坡广泛分布的砾石土坡耕地和山顶广泛分布的黄棕壤为试验土壤。砾石土的砾石含量达 57.76%，在长期的耕作实践中，当地农民习惯采用双齿锄，此耕作工具能有效切入富含砾石的土壤中，省力，效率更高[34]，尽管如此，因为砾石的阻挡作用，采用人力双齿锄耕作深度也仅有 17cm，低于其他地区土壤耕作深度(20cm)。因此主要采用人力双齿锄和磁性示踪法进行耕作试验研究。

本研究在云南东川区选择了 21 块粗骨土(砾石土)坡地以代表干热河谷区坡脚坡耕地土壤，4 块黄棕壤坡地作为研究样地以代表干热河谷区坡顶地带性坡耕地土壤，每块坡地均进行采样分析砾石含量、容重、土壤质地以及有机质含量等土壤理化性质。

(二)示踪小区布设与试验

在选定的坡耕地上，利用挖坑法测定土壤容重，用 TDR(time domain reflectometry，时域反射技术)水分仪测定土壤水分；测定示踪小区布设处坡度，在小区挖出长 1.0m、宽 0.2m、深 0.2m(即 1.0m×0.2m×0.2m)的土坑，将挖出的土壤用磁强计(北京产 ZH-1，AGRS)测定磁感应强度本底值后，与磁土粉(1.5kg)充分混合，多次测定混合土壤的磁感应强度，保证测定值稳定，将混合了磁土粉的土壤回填至用木板隔出的小区中，回填过程中采取回填压实方法以保证其容重与原土壤接近，取掉木板(图 4.1)。

图 4.1 示踪小区布设

农民采用传统双齿锄或板锄，由示踪小区下方 1.0m 处垂直于小区方向向上坡耕作，耕作宽度超过示踪区，耕作深度不大于 0.2m，直到耕作高度超过示踪小区 0.2m 为止。耕作后，以 0.1m 为间距连续在示踪小区下方进行取样，取样深度为 0.2m，采样直至示踪小区下方 1m 处为止，将取出的土壤用磁强计测定磁感应强度。

黄棕壤采用环刀进行采样获取容重，砾石土采用挖坑法获取土壤容重，将挖坑法带回的土壤进行称重，然后将土样摊开放在牛皮纸上自然风干，土样风干后，用孔径范围为 2～40mm 的振荡筛进行筛分，得到小于 2mm 的土样以及 2～40mm 各粒径的砾石组成。小于 2mm 的土样，利用英国马尔文公司生产的激光粒度仪（Mastersizer 2000）测定土壤粒径；利用干烧法测定土壤有机质和全氮含量。研究坡地的土壤理化特征见表 4.1。

表 4.1　土壤类型的基本信息

土壤类型	坡度角/(°)	代表区域	土层厚度/m	采样深度/m	平均有机质含量/(g·kg⁻¹)	平均砾石含量/%	土壤组成/%		
							砂粒(0.02～2.00mm)	粉粒(0.002～0.02mm)	黏粒(<0.002mm)
粗骨土(砾石土)	21	坡脚	0～0.3	0～0.01	2.76	57.76	49.15	48.01	2.84
泥质土(黄棕壤)	4	坡顶	0～0.5	0～0.02	12.29	0	23.26	49.62	27.12

（三）磁性示踪法

磁性示踪法近年来已经得到土壤学家的认可并逐步应用于土壤侵蚀研究中。磁性示踪法应用于土壤侵蚀是基于土壤中本底磁感应强度与混合磁性示踪剂后的土壤间存在明显的磁感应强度差异。在耕作过程中，混合磁性示踪剂的土壤在位移过程中发生重新分布，其磁性被稀释，但是与土壤本底磁感应强度仍然保持明显差异，这种位移过程中的磁性变化为研究土壤再分布提供了依据。因此，可以依据坡面土壤磁性的空间再分布来反映土壤再分布。在用磁性示踪法研究耕作侵蚀的土壤再分布时，顺坡耕作时，若示踪区下方的土壤磁感应强度明显大于土壤本底磁感应强度，表明耕作导致示踪区的土壤发生顺坡位移。运用磁性示踪法应当注意以下两方面：一是磁性示踪剂应选择与土壤性质相似的磁性物质，以确保土壤位移过程能保持一致性。二是混入磁性示踪剂后的土壤磁性应以土壤本底磁感应强度的 30 倍以上为宜，以确保测定的精确性[64, 118]。

1. 耕作位移计算

耕作引起的土壤位移可依据测定的磁感应强度在坡面的重新分布来计算，依据 Lindstrom 等[5]以及 Zhang 等[64]建立的土壤位移计算方式，向下耕作位移可由下式计算：

$$D_d = \int_0^L \left[1 - \frac{C(x)}{C_0} \right] dx \tag{4-1}$$

式中，D_d 为土壤平均位移（m）；$C(x)$ 为耕作后测得的示踪剂磁感应强度（×10⁵SI）；C_0 为耕作前标记小区初始的示踪剂磁感应强度（×10⁵SI）；L 为采样的最大距离（m）。

2. 土壤位移量

土壤位移量由与坡度相关的线性回归获得表达式予以计算：

$$Q_S = K_3 + K_4 S \tag{4-2}$$

式中，Q_S 为单次耕作产生的土壤位移量（$kg \cdot m^{-1}$）；S 为坡度；K_3 和 K_4 为耕作传输系数（$kg \cdot m^{-1} \cdot a^{-1}$），耕作传输系数通过下式测算：

$$K_3 = D_T \rho_b k_1 \tag{4-3}$$

$$K_4 = D_T \rho_b k_2 \tag{4-4}$$

式中，D_T 为耕作层深度（m）；ρ_b 为土壤容重（$kg \cdot m^{-1}$）；k_1 和 k_2 为位移距离系数，位移距离系数通过位移距离与坡度间的回归方程获得：

$$D_d = k_1 + k_2 S \tag{4-5}$$

3. 耕作侵蚀速率

耕作侵蚀速率为单位坡宽的向下坡传输量除以坡长，因此，耕作侵蚀速率公式为

$$R = \frac{Q_S \cdot 10}{L_d} \tag{4-6}$$

式中，R 为耕作侵蚀速率（$t \cdot hm^{-2} \cdot a^{-1}$）；$L_d$ 为向下坡长（m）。

三、土壤耕作侵蚀的分布特征

通过野外耕作试验获取的磁感应强度，利用式(4-1)计算得到各坡度的耕作位移，并得到耕作位移和坡度角关系图(图4.2)，在测定坡度范围，砾石土耕作位移从 0.1653m 增大到 0.7013m，其中在坡度角 3°～35°范围内，其耕作位移随坡度呈线性增加，而坡度角 35°以上则呈指数增加趋势。对黄棕壤而言，在测定的坡度范围，其耕作位移从 0.2323m 增大到0.4340m，整体上呈现增加趋势。根据耕作位移与坡度的相关关系，利用式(4-2)，计算得到土壤传输量，由此可以建立土壤传输量与坡度之间的相关关系，图4.3 显示，在测定坡度范围，砾石土在坡度角 3°～35°范围，耕作土壤位移量随坡度呈线性增加关系（$Q_S=78S+39.99$，$R^2=0.99$，$N=16$，$P<0.001$），但是在坡度角 35°～37°范围表现出突然增大的趋势，即表明35°是耕作土壤位移量突然增大的休止角。

利用式(4-2)和式(4-6)，将坡长设定为 10m，每年耕作一次，则可计算得到各坡度的耕作侵蚀速率，在相同坡度范围，不同土壤的耕作侵蚀速率差异明显(表4.2)，在坡度角3°～25°范围内，砾石土的平均耕作侵蚀速率为59.49t·hm⁻²·a⁻¹，与黄棕壤(66.05t·hm⁻²·a⁻¹)之间没有明显差异($P>0.05$)。在不同坡度范围内，土壤耕作侵蚀速率也存在明显差异，砾石土在坡度角3°～25°范围的平均耕作侵蚀速率为59.49t·hm⁻²·a⁻¹，明显低于坡度角25°～37°的耕作侵蚀速率(106.17t·hm⁻²·a⁻¹)($P<0.05$)。

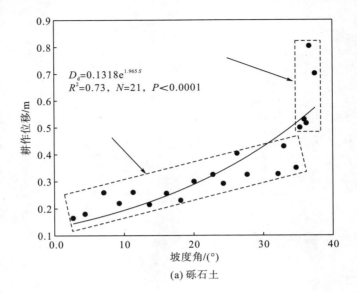

(a) 砾石土

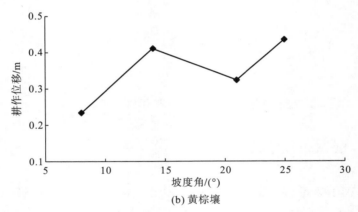

(b) 黄棕壤

图 4.2   垂直带不同土壤耕作位移与坡度角关系

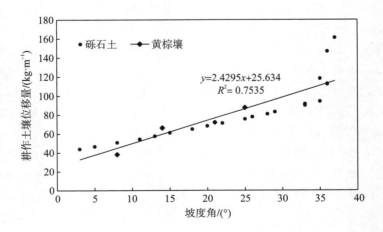

图 4.3   垂直带不同耕作土壤位移量与坡度角关系

表 4.2　不同土壤的耕作位移和耕作侵蚀速率

土壤类型	耕作位移/m		耕作侵蚀速率/(t·hm^{-2}·a^{-1})	
	(3°～25°)	(25°～37°)	(3°～25°)	(25°～37°)
砾石土 （平均值±标准差）	0.24±4.98Aa	0.47±0.16Bb	59.49±11.10Aa	106.17±27.28Ba
黄棕壤 （平均值±标准差）	0.35±9.18b	—	66.05±23.09ab	—

注：每列不同小写字母表示 0.05 水平上显著差异，相同字母则无差异；每行不同大写字母表示 0.05 水平上显著差异，相同字母则无差异。

云南东川干旱河谷区两种类型土壤的研究说明，耕作侵蚀不仅与坡度密切相关，也受到土壤性质特别是其中砾石含量影响，另外耕作工具也可以通过耕作深度影响耕作位移量和耕作侵蚀速率。东川砾石土中的砾石土平均含量为 57.76%，而山顶黄棕壤几乎不含砾石，特别是砾石土中一些大块砾石（粒径大于 20mm）含量达到 15.57%，即使双齿锄也很难耕作到心土层，因此，当地农民仅耕作到表层土壤。试验中发现，在外力作用下，土壤中较大的砾石容易在惯性力作用下顺坡产生滚动或者滑动。因此，在相同外力作用下，砾石土的土块比泥质土更易发生顺坡位移，导致休止角变小。在试验中也发现，在坡度角为 36°的坡耕地耕作实验时，在重力作用下，被锄头翻动的土块和砾石存在向下坡明显的翻滚和跳跃运动，远超过平缓坡耕地的位移距离。

在相似的土壤质地情况下，黄棕壤采用双齿锄耕作的耕作深度明显比黄棕壤采用一般锄头（单柄）的耕作深度更深[34]，对同一种土壤来说，双齿锄比一般的单柄锄更容易耕作。尽管在砾石土上采用双齿锄效率更高，但是相比于在泥质土（黄棕壤）上采用传统锄头，其耕作位移更小；另外，在坡度角为 35°以下的坡耕地，砾石土的耕作侵蚀速率也比黄棕壤小，这是由于双齿锄特殊的结构仅能松土，带出的土壤较少，因此顺坡位移较其传统单柄锄产生耕作位移和耕作侵蚀少。在试验过程中也发现用双齿锄头耕作砾石土能更高效率翻转并疏松土壤，而且不能较多地搬运土壤，因此，在砾石土分布较广的山区，双齿锄比传统锄头效率更高，产生更小的土壤位移，有利于减少坡耕地土壤侵蚀，是一种有效的保护性耕作措施。

第三节　云南元谋干热河谷区

一、研究区域概况

本书研究选择长江上游金沙江流域山地不同垂直带的坡耕地作为研究对象，位于金沙江龙川江流域的云南元谋县黄瓜园镇（25°23′～26°06′N，101°35′～102°06′E）。

元谋研究区在中国科学院元谋干热河谷沟蚀崩塌观测试验站内建立径流小区并完成冲刷试验，在云南元谋县物茂乡坡耕地上完成野外模拟耕作试验。研究区属于深切河谷低山丘陵地貌，海拔 1300m 左右，气候干热，全年无霜，最高温为 42℃，最低温为 -5.3℃，年均温度 21.9℃；干湿季分明，降水集中在 5～10 月，约占总降水量的 90%，10 月至次年 4 月为旱季，多年平均降水量为 615mm，年均蒸发量为 3911mm。该区以抗蒸发能力弱、有效养分缺失、抗蚀能力差的燥红土为地带性土壤类型，还有抗蚀性差的变性土和强侵蚀性的紫色土。自然植被以干热河谷灌丛和稀树灌木草丛为主。金沙江流域内坡耕地分布广泛，研究区的坡度角大（最大耕作坡度角达 37°），坡长较短，为了节省时间和劳力，农民普遍采用顺坡耕作，因此，坡耕地已经成为金沙江干热河谷区水土流失最严重的源头。

二、试验区选择与试验设计

云南元谋干热河谷区选取的试验点为云南元谋县物茂乡湾保村，该区的地带性土壤是燥红土，分布于海拔 800～1500m 的谷坡和阶地，受生物、气候等成土因素的影响，土壤有机质含量低，土体紧实，坡耕地分布范围大。耕作试验主要选取坡度角范围为 3°～32°，采用人力锄耕作，耕作工具为常见的单柄锄头，利用磁性示踪法进行了不同耕作深度、不同耕作方向的系列试验。模拟耕作实验与磁性测定方法与云南东川试验相同。

三、耕作深度的影响

不同耕作深度试验表明，在四种不同的耕作深度（0.05m、0.10m、0.15m、0.20m）下耕作位移都与坡度呈显著的正相关（$P<0.01$），四种耕作深度下耕作位移与坡度之间的关系可分别表示为：$D_d=0.2157S+0.1299$、$D_d=0.3166S+0.1293$、$D_d=0.4713S+0.1143$、$D_d=0.6384S+0.1368$，D_d 为耕作位移（m），S 为坡度，其线性相关函数的斜率（即耕作位移系数 K_2）与耕作深度呈正相关，表明随耕作深度增大，其耕作位移随坡度的变化幅度也增大，耕作深度扩大了坡度对耕作位移的影响。在元谋坡耕地，耕作位移与坡度呈显著的线性相关。

表 4.3 为四种不同耕作深度下的耕作位移以及耕作侵蚀速率[38]，在 0.05m 耕作深度，土壤平均耕作位移为 0.15～0.27m，平均值为 0.21m，变异系数（Cv）为 17.95%；在 0.10m 耕作深度，土壤耕作位移为 0.17～0.32m，平均值 0.24m，变异系数为 22.13%；在 0.15m 耕作深度，土壤的耕作位移为 0.17～0.42m，平均值为 0.28m，变异系数为 28.45%；在 0.20m 耕作深度，土壤的耕作位移在 0.20～0.54m，平均值为 0.37m，变异系数为 30.90%。随着耕作深度的增加，耕作位移逐渐增大，与 0.20m 耕作深度相比较，0.05m、0.10m、0.15m 耕作深度的平均耕作位移分别降低了 43%、35%、24%。随着耕作深度的增加，耕作位移的变异系数也呈增加趋势，这表明深耕增加了不同坡度坡耕地耕作位移之间的变异性，而浅耕则有效降低了不同坡度坡耕地耕作位移之间的变异性。

表 4.3　不同耕作深度下的耕作位移、耕作传输系数以及耕作侵蚀速率

坡度	0.05m 耕作深度			0.10m 耕作深度			0.15m 耕作深度			0.20m 耕作深度		
	D_d /m	Q_s /(kg·m^{-1}·a^{-1})	R/ (t·hm^{-2}·a^{-1})	D_d /m	Q_s /(kg·m^{-1}·a^{-1})	R/ (t·hm^{-2}·a^{-1})	D_d /m	Q_s /(kg·m^{-1}·a^{-1})	R/ (t·hm^{-2}·a^{-1})	D_d /m	Q_s /(kg·m^{-1}·a^{-1})	R/ (t·hm^{-2}·a^{-1})
0.0874	0.15	10.31	10.31	0.17	21.85	21.85	0.17	32.65	32.65	0.20	53.64	53.64
0.1763	0.17	11.65	11.65	0.19	25.76	25.76	0.20	41.45	41.45	0.31	69.56	69.56
0.2679	0.20	13.02	13.02	0.19	29.79	29.79	0.23	50.52	50.52	0.26	85.95	85.95
0.3249	0.18	13.87	13.87	0.22	32.30	32.30	0.25	56.17	56.17	0.36	96.16	96.16
0.364	0.22	14.46	14.46	0.24	34.02	34.02	0.28	60.04	60.04	0.34	103.16	103.16
0.4245	0.21	15.37	15.37	0.29	36.68	36.68	0.35	66.03	66.03	0.35	113.99	113.99
0.4663	0.24	15.99	15.99	0.26	38.52	38.52	0.29	70.16	70.16	0.44	121.47	121.47
0.5317	0.24	16.98	16.98	0.30	41.40	41.40	0.35	76.64	76.64	0.52	133.17	133.17
0.5773	0.27	17.66	17.66	0.32	43.40	43.40	0.42	81.15	81.15	0.54	141.34	141.34
平均值	0.21	14.37	14.37	0.24	33.75	33.75	0.28	59.42	59.42	0.37	102.05	102.05
Cv/%	17.95	16.91	16.91	22.13	21.12	21.12	28.45	26.99	26.99	30.90	28.41	28.41

注：D_d 为耕作位移；Q_s 为耕作传输系数；R 为耕作侵蚀速率；耕作侵蚀速率计算以 10m 坡长为标准。

　　按照耕作侵蚀速率计算公式可以得出不同耕作深度下的耕作侵蚀速率。在 0.05m 耕作深度下，土壤耕作侵蚀速率为 10.31～17.66t·hm^{-2}·a^{-1}，平均值为 14.37t·hm^{-2}·a^{-1}，变异系数为 16.91%；在 0.10m 耕作深度下，土壤耕作侵蚀速率为 21.85～43.40t·hm^{-2}·a^{-1}，平均值为 33.75t·hm^{-2}·a^{-1}，变异系数为 21.12%；在 0.15m 耕作深度下，土壤耕作侵蚀速率为 32.65～81.15t·hm^{-2}·a^{-1}，平均值为 59.42t·hm^{-2}·a^{-1}，变异系数为 26.99%；在 0.20m 耕作深度下，土壤耕作侵蚀速率为 53.64～141.34t·hm^{-2}·a^{-1}，平均值为 102.05t·hm^{-2}·a^{-1}，变异系数为 28.41%。与 0.20m 耕作深度相比，0.05m、0.10m、0.15m 耕作深度的土壤耕作侵蚀速率平均降低了 86%、67%、42%，这表明降低耕作深度能够有效地减少耕作侵蚀。

　　四种耕作深度下，其耕作传输系数和侵蚀速率也随坡度的增加而增加，在测定坡度范围，其平均耕作位移随耕作深度增加而增加，同样其耕作传输系数和侵蚀速率也随耕作深度增加而增加（表 4.3），耕作传输系数 Q_s 随着耕作深度的增加呈线性增长，其与耕作深度之间的关系可用二次函数关系描述，表明降低耕作深度可以有效减少耕作侵蚀。

四、坡度因子与坡长因子共同作用下的耕作侵蚀特征

　　坡度是影响土壤侵蚀最重要的因素之一，也是影响耕作侵蚀最主要的因子，在耕作过程中，土壤在耕作工具扰动作用下，受到重力作用，主要沿坡面发生位移，因此，在这一过程中，其受力作用大小的主要影响因子是坡度，除此以外，土壤位移距离远近还与位移的路径即坡长密切相关。相关研究表明坡长越长耕作侵蚀速率越小[29, 48]。在元谋地区的耕作试验中，对耕作深度、坡度和坡长影响耕作侵蚀的研究均获得了一些试验结果。

由图 4.4 可以看出，在试验的 0.05m、0.10m、0.15m 和 0.20m 耕作深度下以及坡度 0.0874～0.5773 范围内，耕作侵蚀速率随着坡度的增加呈线性增加。在坡长为 5～80m 范围内，耕作侵蚀速率随着坡长的增加呈减少趋势。这表明坡度与坡长都是影响耕作侵蚀速率的两个重要的因子，减小坡度与增加坡长都是减少耕作侵蚀的有效措施，即缓坡耕作与增加坡耕地坡长都是降低耕作侵蚀的有效措施。

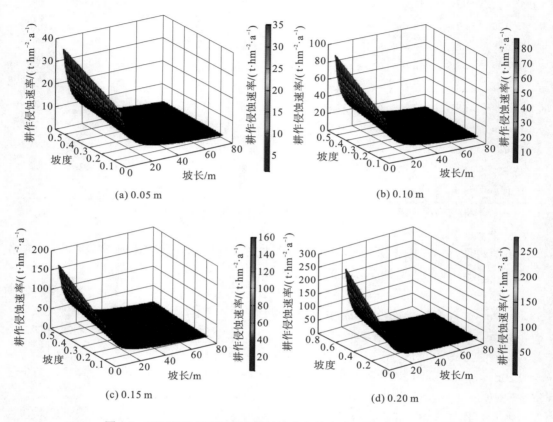

(a) 0.05 m

(b) 0.10 m

(c) 0.15 m

(d) 0.20 m

图 4.4   不同耕作深度下耕作侵蚀速率与坡度以及坡长之间的关系

在该区试验中，0.20m 耕作深度是最常见和最适用的耕作深度，因此，着重对 0.20m 耕作深度下耕作侵蚀强度控制在微度侵蚀的坡度因子的临界值进行分析。对于坡长小于 40m 的坡面，耕作侵蚀控制在微度侵蚀下，不存在坡度的临界值；而在坡长分别为 40m、60m 和 80m 坡长的坡面，耕作侵蚀强度控制在微度侵蚀下，进行耕作操作的坡度角应该分别为≤1°、≤7°和≤13°。在试验中的各坡度下，选择缓坡(5°)、中坡(10°)和陡坡(25°)三个典型坡度角为研究对象，确定耕作侵蚀控制在微度侵蚀下坡长因子的临界值。在缓坡(5°)，耕作侵蚀强度控制在微度侵蚀下坡长应当大于 54m；在中坡(10°)，耕作侵蚀强度控制在微度侵蚀下的坡长应当大于 70m；在陡坡(25°)，耕作侵蚀强度控制在微度侵蚀下的坡长应当大于 121m。

五、耕作角度的影响

该区开展的耕作方向对耕作侵蚀影响的试验主要设置了顺坡耕作(0°)、45°方向耕作、等高耕作(90°)、135°方向耕作和逆坡耕作(180°)。耕作深度均为0.20m，耕作工具为单柄锄头，测定坡度角范围均为5°～30°，其耕作位移与坡度的函数关系如表4.4所示。

表4.4　不同耕作角度下耕作位移与坡度关系

耕作角度	函数关系	R^2	P
顺坡耕作(0°)	$D_d = 0.6384S + 0.1368$	0.85	0.0004
45°方向耕作	$D_d = 0.3714S + 0.1355$	0.77	0.0018
等高耕作(90°)	$D_d = 0.1550S + 0.0291$	0.51	0.0304
135°方向耕作	$D_d = 0.4189S - 0.0863$	0.69	0.0057
逆坡耕作(180°)	$D_d = 0.4122S - 0.1888$	0.57	0.0193

注：D_d为耕作位移，S为坡度。

就顺坡耕作(0°)、45°方向耕作两种耕作方向来说，土壤平均耕作位移随坡度增加而呈现线性增加关系，45°方向平均耕作位移为0.2684m，比顺坡耕作位移减小26.51%，对于顺坡耕作(0°)来说，造成土壤顺坡运动的作用力主要来自耕作工具对土壤的顺坡方向的拉力和重力沿顺坡方向的分力，锄头拉力方向与土壤位移方向完全一致；而对于45°耕作角度来说，锄头拉力方向与土壤位移方向呈45°角，因此锄头拉力的分力和重力沿顺坡方向的分力是驱动土壤向下运动的主要动力，显然，顺坡耕作造成的土壤顺坡位移比45°方向耕作造成的位移要大。45°方向平均耕作侵蚀速率为75.22t·hm^{-2}·a^{-1}，比顺坡耕作(0°)的平均耕作侵蚀速率(102.05t·hm^{-2}·a^{-1})减少26.29%(表4.5)，表明45°耕作角度相比于顺坡耕作更有利于减少耕作侵蚀。

表4.5　不同耕作方向下平均耕作位移与平均耕作侵蚀速率

耕作方向	平均耕作位移/m	耕作位移量/(kg·m^{-1})	平均耕作侵蚀速率/(t·hm^{-2}·a^{-1})
顺坡耕作(0°)	0.3652	102.05	102.05
45°方向耕作	0.2684	75.22	75.22
等高耕作(90°)	0.0799	29.76	29.76
135°方向耕作	0.0636	17.81	17.81
逆坡耕作(180°)	-0.0413	-11.85	-11.85

与顺坡耕作(0°)和45°耕作角度不同，等高耕作(90°)一方面会造成一部分土壤沿顺坡方向运动，另一方面也会造成逆坡运动，因此在测算等高耕作土壤位移和耕作侵蚀速率时，需要综合考虑二者的位移之和才是其耕作位移。通过折算顺坡位移和逆坡位移得到的耕作

位移随坡度同样呈现线性增加相关性（表 4.4），而等高耕作位移平均值为 0.0799m，仅为 45°耕作角度的位移（0.2684m）的 29.8%。其耕作侵蚀速率为 29.76t·hm^{-2}·a^{-1}，仅为 45°耕作角度的平均耕作侵蚀速率（75.22t·hm^{-2}·a^{-1}）的 39.6%。显然等高耕作相比于 45°耕作角度更有利于控制坡面耕作侵蚀。

对 135°方向耕作，其在耕作过程中土壤逆坡的位移主要是由锄头的拉力沿逆坡方向的分力和重力在顺坡方向的分力的综合作用力导致。由于拉力方向沿着逆坡方向，而重力在顺坡方向的分力是沿着坡面的顺坡方向，因此在测算耕作位移时也需要对二者进行累加，通过计算，得耕作位移与坡度之间呈线性显著正相关（$P=0.0057$），由函数关系可见，当坡度为 0.2060 时，其耕作位移为 0，当坡度大于 0.2060 时，发生顺坡位移，低于此坡度为逆坡位移。135°方向耕作时平均耕作位移为 0.0636m，略低于等高耕作的耕作位移0.0799m，其平均耕作侵蚀速率为 17.81t·hm^{-2}·a^{-1}，仅为等高耕作的平均耕作侵蚀速率（29.76t·hm^{-2}·a^{-1}）的 59.8%，显然 135°方向耕作比等高耕作更加有利于减少耕作侵蚀。

对逆坡耕作（180°）而言，其耕作工具对土壤的拉力与土壤顺坡运动重力分力完全相反，但是其耕作位移与坡度也呈现显著的线性相关（$P=0.0193$），当坡度低于 0.4580 时，耕作土壤发生逆坡位移，而当坡度大于 0.4580 时，则发生顺坡位移。逆坡耕作时的平均耕作位移为−0.0413m，显然，逆坡耕作仅产生逆坡土壤位移，不会发生顺坡土壤位移，其平均耕作侵蚀速率为−11.85t·hm^{-2}·a^{-1}，因此逆坡耕作比 135°方向耕作更加有利于减少耕作侵蚀，也是所有耕作角度中最有利于控制坡面耕侵蚀的角度。

综合多角度耕作位移和坡度关系，可以用以下函数关系式予以表达：

$$D_{\mathrm{d}} = (0.2176S + 0.1039)\cos\omega + (0.4064S + 0.0017) \tag{6-7}$$

式中，D_{d} 为耕作位移（m）；S 为坡度；ω 为耕作角度（°）。

由函数关系式及图 4.5 可以看出，耕作位移与坡度之间呈线性增加趋势，而随着耕作角度的增加呈降低趋势。这说明耕作角度是影响耕作位移的重要因子，也与其他区域相关研究结果中耕作方向是影响耕作侵蚀主要因素一致。通过图 4.6 可发现，在测定坡度范围

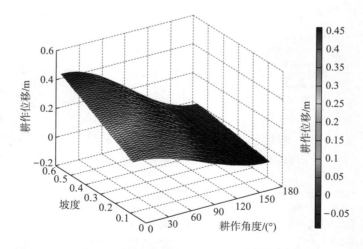

图 4.5 耕作位移与坡度以及耕作角度之间的关系

（来源于文献[38]）

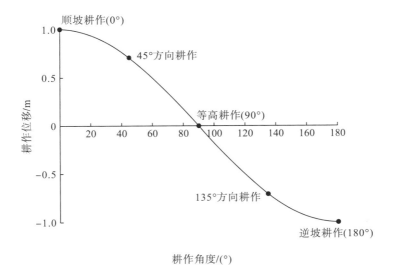

图4.6　耕作位移与耕作角度关系
(来源于文献[38])

中，当坡度达到最大时，耕作角度为 0°时(顺坡耕作)，土壤顺坡耕作位移距离最大，当耕作角度为 180°时(逆坡耕作)，土壤耕作位移距离最小。在缓坡部分，耕作角度增大情况下(如角度为 135°和逆坡耕作)，耕作位移距离为负值，这表明缓坡情况下大角度耕作导致土壤向上坡位置的位移。

　　通过以上分析可以看出，在坡度一定的情况下，耕作角度与耕作位移之间的关系可以用余弦函数表示，如图 4.6 所示。顺坡耕作导致的耕作位移最大，并且随着耕作角度的增加，土壤顺坡方向的位移逐渐变小。这时锄头拉拽力可以分解为顺坡方向的力以及横向的力两部分，锄头拉拽力在顺坡方向的分力与重力在顺坡方向分力的共同作用导致土壤发生顺坡位移。而锄头拉拽力为横向的分力则是导致土壤发生横向位移的主要作用力。对于等高耕作(90°)来说，由于锄头在顺坡方向没有分力，锄头的作用力全部用来使土壤发生横向位移。因此，等高耕作主要导致土壤的横向位移，仅有少量的土壤在重力沿顺坡方向的分力的作用下发生顺坡位移。当耕作角度大于 90°时，锄头拉拽力在横向的分力仍然是导致土壤发生横向位移的主要作用力。而在沿坡面方向，锄头拉拽力的分力则与重力沿顺坡方向的分力方向相反，当锄头拉拽力的分力小于重力沿顺坡方向的分力时，土壤总体发生顺坡位移。随着耕作角度的增加，锄头拉拽力在坡面方向的分力逐渐增加，当其大于重力在顺坡方向的分力时，土壤总体会发生逆坡位移。

　　从已完成不同耕作角度的耕作试验结果(表 4.5)来看，平均耕作侵蚀速率表现出随耕作角度增大而减小的趋势，可以用以下函数关系式予以表述：

$$R = (60.97S + 29.11)\cos\omega + (113.87S + 0.48) \qquad (4\text{-}8)$$

式中，R 为平均耕作侵蚀速率($t \cdot hm^{-2} \cdot a^{-1}$)；$S$ 为坡度；ω 为耕作角度(°)。

　　通过函数关系式及图 4.7 可以发现，耕作侵蚀速率随着坡度的增加呈线性增加，但是随着耕作角度的增加呈余弦函数关系减少。这说明耕作侵蚀速率不但受到坡度影响，也受到耕作角度的影响，并且坡度的增加会进一步增加耕作角度对耕作侵蚀速率的影响程度。假定耕作侵蚀速率为正值时为发生侵蚀，而耕作侵蚀为负值时为发生沉积。以往的研究主要集中于逆坡耕作(180°)、顺坡耕作(0°)和等高耕作(90°)，而缺失其他角度的研究，对于缓坡大于90°耕作角度的耕作方式来说，由于锄头向上的拉拽力作用，会导致部分土壤发生逆坡位移，而当土壤的拉拽力在逆坡方向的分力大于重力沿着顺坡方向的分力时，整体土壤会发生逆坡位移(负值)；对于小于90°的耕作角度，由于耕作工具拉动土壤分力与其土壤重力分力一致，必然导致土壤顺坡位移(正值)。

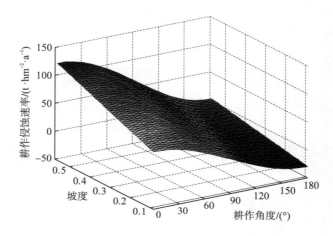

图 4.7　耕作侵蚀速率与坡度及耕作角度之间的关系
(来源于文献[38])

第四节　四川凉山州干旱河谷区

一、根系特征与耕作侵蚀

坡耕地农业生产过程中，为了提高土壤质量以便于种植农作物，农民需要耕作后再进行种植。在坡耕地的耕作过程中，由于农耕工具和重力作用使上坡土壤不断向下坡移动，导致净余土壤量不断向下坡发生传输，进行重新分配，从而产生耕作侵蚀。国外研究者通过模型确定了耕作侵蚀占坡面土壤侵蚀的比例达70%，占主导地位[30,89,157]，国内学者在黄土地区和紫色土区的研究表明，耕作侵蚀对坡面土壤侵蚀的贡献均大于40%[40,158]，耕作侵蚀在坡面土壤侵蚀中甚至超过了水蚀，是坡面土壤侵蚀的主要贡献者。在疏松和翻转整个耕层的过程中，耕作不仅导致土壤向下坡移动，而且改变了土壤耕层理化性质，削弱了土壤抗蚀性，间接地促进了水蚀的发展[30,31]。因此，防治坡耕地土壤侵蚀不仅需要控制水蚀，更需要采取措施控制人类耕作活动导致的耕作侵蚀。植物根系对土壤的影响一方面是地上部分性状通过拦截降雨、削减雨滴动能和增大坡面粗糙度、减小流速等减少坡面水蚀,另一方面地下部分根系性状通过根系对土壤的加固和植物对土壤的生物化学黏结作用影响土壤性质,从而影响土壤抗剪强度或可蚀性。植被根系可以固结土壤,影响土壤水分含量和土壤结构,已有较多研究表明土壤-根系复合体的抗剪强度随根系含量的增加而增加,根系对土壤抗剪强度具有增强效应,含根量、根长和根系体积等根系参数与土壤抗剪强度呈正相关关系[159,160]。坡耕地农作物根系密度和分布特征使得坡面土壤理化性质产生变化,土壤抗剪强度存在异质性,使得种植作物的土壤可耕性存在差异。另外,因根系的固结作用使得较大土体在坡面的运动过程中不容易破碎,从而影响其运动的距离,最终影响耕作对土壤的传输作用。

当前的坡面耕作侵蚀研究均较少考虑土壤中根系含量及分布特征对耕作位移的影响,特别是不同作物类型下的坡面土壤耕作侵蚀研究还较为缺乏,本节以凉山州喜德县干旱河谷坡耕地为研究对象,利用磁性示踪法,研究作物种植下的坡耕地耕作侵蚀特征,为该区坡耕地水土流失治理提供理论依据,也为凉山州干热河谷区坡耕地水土流失治理和生态修复提供对策和建议。

二、研究区概况

研究区位于四川省凉山州喜德县李子乡(28°2′5″N,102°12′35″E),属于深切河谷低山丘陵地貌,海拔1700m左右,气候属于低纬度高海拔中亚热带季风气候,年均温20~27℃,冬暖干燥,夏凉湿润,无明显四季差别,降水集中在5~10月,约占总降水量的90%,10月至次年4月为旱季,多年平均降水量为1006mm,年均蒸发量为1945mm,除雨季外,蒸发量远大于降水量。该区位于金沙江下游,安宁河谷以东地区,境内地形总体特征是山高坡陡谷深(以中高山地为主,河谷平坝仅占全境面积的3.82%),生态约束大。喜德县全县耕地占比为10.6%,其中常耕地占比仅为6%,坡耕地分布面积大,25°以上坡耕地面积占比达到60%以上,其特征为耕地量小、碎片化、种垦难度高,坡耕地土地利用类型相对单一,坡地农作物以小麦、玉米、红薯单一种植为主。土壤类型为第四纪松散堆积物上发育的山地黄棕壤,土壤质地较细,土层深度最深可达1m。该区地形破碎,传统耕作方式为锄耕,每年仅在农作物收获过后进行耕作一次,耕作方向主要采用顺坡耕作。试验地土壤容重和水分含量差异较小,可忽略二者因素的影响(表4.6)。

表4.6 不同土地利用类型土壤的基本信息

土地利用类型	坡度	海拔/m	土壤容重/(kg·m³)	土壤含水量/%	土壤组成/%		
					砂粒(0.02~2mm)	粉粒(0.002~0.02mm)	黏粒(<0.002mm)
裸地	0~0.6	1300~1600	1.525	12.7	28.78	16.27	54.95
玉米地	0~0.6	1900	1.423	11.2	29.34	16.21	54.45
荞麦地	0~0.6	1200	1.453	11.8	28.59	15.65	55.76

三、试验设计与选点

四川省凉山彝族自治州(简称凉山州)绝大部分区域位于金沙江下游,也是四川省干旱河谷主要分布区域[161],由于特殊的气候特征,该区长期以来植被破坏,暴雨集中,是我国水土流失最为严重的地区之一。当地农民锄耕的锄具入土部分长 21.5cm、宽 8cm,耕作深度通常为 20cm。耕作侵蚀试验在四川省凉山州喜德县李子乡洛乃格村进行,选择了三种土地利用类型(裸地、玉米地和荞麦地)。三种土地利用类型选择的坡度范围为 0～0.577(0°～30°),为了准确反映该坡度范围的耕作侵蚀,每种土地利用类型的坡度选择控制间隔 3°以内。利用磁性示踪法定量测定坡耕地顺坡耕作的耕作位移和土壤位移量,研究不同作物类型对耕作侵蚀的影响。

四、试验方法

为了测量不同土地利用类型耕作位移,试验选取了玉米地、荞麦地以及裸地三种,玉米和荞麦的地上部分秸秆已收割,另外选择当年未种植农作物、全年无杂草、土壤中无根系的裸地作为对照地。三种土地利用类型选择坡度范围为 0～0.577(0°～30°),为了准确反映该坡度范围的耕作侵蚀,每种地类的坡度选择控制间隔 3°以内,每种地类的耕作试验的坡地样本为 12～14 个,能覆盖该区坡耕地的坡度范围。

野外耕作试验于 2020 年 11 月在四川省凉山州喜德县李子乡洛乃格村进行,在选定的坡耕地上,利用环刀测定土壤容重,用 TDR 水分仪测定土壤水分(表 4.6)。在试验坡耕地上布设示踪小区(图 4.8),挖出长 1.0m、宽 0.2m、深 0.2m(即 1.0m×0.2m×0.2m)的土坑,将挖出的土壤用磁强计(捷克产 KT-10,TERRAPLUS)测定磁感应强度本底值后与磁铁粉(1.5kg)充分混合,混合后的土壤磁感应强度为土壤磁感应强度本底值的 20～30 倍[11],多

图 4.8 取样示意图和耕作试验现场

次测定混合土壤的磁感应强度，保证土壤和磁铁粉混合均匀，将混合了磁铁粉的土壤回填至示踪小区中，并进行压实。按当地顺坡耕作习惯，采用锄具人工耕作，耕作方向由示踪小区下方 1.0m 处垂直于小区方向向上坡耕作，耕作深度为 0.2m，耕作宽度超过示踪区，直到耕过示踪小区 0.2m 为止。耕作后，以 0.1m 为间距在示踪小区下方连续进行取样，取样深度为 0.2m，取样直至测定采集的土壤磁感应强度与土壤本底磁感应强度一致为止。

五、研究结果

根据耕作位移计算结果，裸地、玉米地和荞麦地的耕作位移与坡度间均呈显著的线性正相关（$P<0.05$）（图 4.9），在测定坡度范围内，耕作位移随坡度增加而增加，耕作土壤位

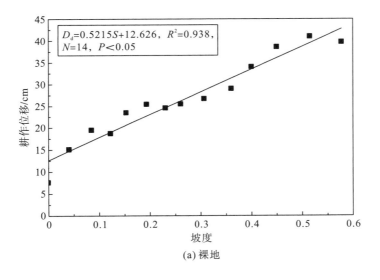

$D_d=0.5215S+12.626$，$R^2=0.938$，$N=14$，$P<0.05$

(a) 裸地

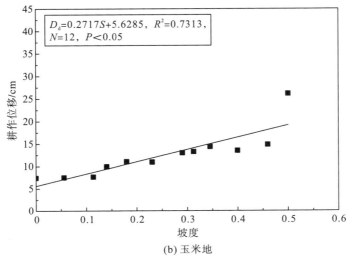

$D_d=0.2717S+5.6285$，$R^2=0.7313$，$N=12$，$P<0.05$

(b) 玉米地

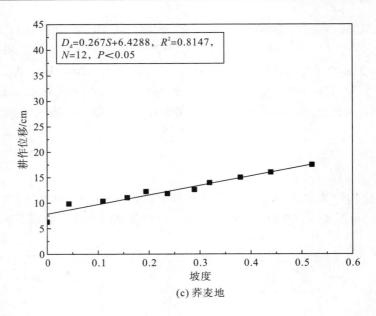

(c) 荞麦地

图 4.9   耕作位移与坡度关系

移量 K_1 大小关系为裸地＞荞麦地＞玉米地，裸地 K_1 均比玉米地和荞麦地大 92.60%，裸地 K_2 表现出裸地分别比玉米地和荞麦地大 124.16% 和 96.27%，而玉米地和荞麦地的位移距离系数则没有明显差异，表明裸地耕作位移随坡度增加幅度大于玉米地和荞麦地。另外，不同作物类型的坡耕地平均土壤耕作位移大小关系为裸地＞荞麦地＞玉米地，裸地的平均耕作位移为 26.38cm，显著大于玉米地的平均耕作位移 11.82cm（$P＜0.05$），也大于荞麦地的平均耕作位移 12.41cm（$P＜0.05$）；玉米地和荞麦地之间的耕作位移则没有明显差异（$P＞0.5$），但是荞麦地的耕作位移略大于玉米地（表 4.7）。以上结果说明在测定的坡度范围内，裸地耕作造成的土壤位移明显比玉米地和荞麦地大，玉米地和荞麦地减少了耕作造成的土壤位移，即未种植庄稼进行耕作造成的土壤顺坡耕作位移大于种植庄稼造成的土壤顺坡耕作位移。

表 4.7   不同土地利用类型的耕作侵蚀特征

土地利用类型	平均耕作位移/cm	平均耕作土壤位移量/(kg·m^{-1})
裸地	26.38±9.28a	71.79±27.15a
玉米地	11.82±3.19b	34.83±9.64b
荞麦地	12.41±3.00b	36.49±10.33b

注：字母相同表示无显著差异，字母不同表示存在显著差异（$P＜0.05$）。

方差分析结果显示（表 4.8），裸地的耕作侵蚀速率明显大于玉米地和荞麦地的耕作侵蚀速率（$P＜0.01$），其中裸地平均耕作侵蚀速率为 75.85t·hm^{-2}·a^{-1}，分别是玉米地（38.15t·hm^{-2}·a^{-1}）和荞麦地（40.62t·hm^{-2}·a^{-1}）的 1.99 倍和 1.87 倍；而玉米地的耕作侵蚀速率和荞麦地的耕作侵蚀速率没有明显差异($P>0.01$)，玉米地耕侵蚀速率($38.15\text{t}\cdot\text{hm}^{-2}\cdot\text{a}^{-1}$)为荞麦地($40.62\text{t}\cdot\text{hm}^{-2}\cdot\text{a}^{-1}$)速率的93.9%；耕作侵蚀速率随坡度之间呈现线性正相关。耕作侵蚀速率结果表明未种植庄稼坡耕地的耕作侵蚀速率明显比种植了玉米和荞麦的坡耕地大，坡耕地作物种植能有效减小坡耕地耕作侵蚀。

表4.8　不同土地利用类型耕作侵蚀速率

坡度	裸地/($\text{t}\cdot\text{hm}^{-2}\cdot\text{a}^{-1}$)	玉米地/($\text{t}\cdot\text{hm}^{-2}\cdot\text{a}^{-1}$)	荞麦地/($\text{t}\cdot\text{hm}^{-2}\cdot\text{a}^{-1}$)
0	20	21	19
0.04	40	24	21
0.85	53	22	32
0.122	51	30	32
0.193	71	31	35
0.23	69	30	35
0.26	72	37	35
0.307	76	42	49
0.36	84	42	44
0.4	98	43	45
0.45	113	43	49
0.515	118	54	53
0.577	121	77	79
方差	75.85±30.80a	38.15±15.21b	40.62±15.53b

注：字母相同表示无显著差异，字母不同表示存在显著差异($P<0.01$)。

第五节　干旱河谷区耕作侵蚀特征差异

一、耕作位移差异

综合上述在干旱河谷区的耕作侵蚀研究结果，目前开展的研究主要涉及干热河谷区云南东川、元谋和干旱河谷区四川凉山州，涉及土壤类型主要是砾石土、黄棕壤和燥红土。不同土壤类型其耕作侵蚀特征差异明显。在测定的坡度范围内，砾石土的平均耕作深度为0.16m，明显小于黄棕壤和燥红土(0.20m)($P<0.05$)，但是其耕作深度与坡度之间没有明显的相关关系。依据Lindstrom等[5]以及Zhang等[64]建立的土壤位移计算公式计算得到土壤的耕作位移。在测定的坡度范围内，方差分析结果显示，由表4.9可得，砾石土、黄棕壤、燥红土三种土壤的平均耕作位移分别为0.3612m、0.3497m、0.3652m，三者之间没有明显差异。砾石土在坡度角为5°～25°的耕作位移均值为0.2491m，明显低于26°～37°的耕作位移均值(0.4707m)($P<0.05$)；燥红土在坡度角为5°～25°的耕作位移均值为0.3176m，也明显低于25°以上的耕作位移均值(0.5319m)($P<0.05$)，这表明缓坡的耕作位移明显比陡坡的耕作位移小。在相同坡度范围内，不同土壤的耕作位移也存在明显差异。

在坡度角 5°～25°，砾石土的平均耕作位移为 0.2491m，明显低于黄棕壤和燥红土的平均耕作位移(0.3497m、0.3176m)(P<0.05)，但是，黄棕壤的平均耕作位移与燥红土的平均耕作位移没有明显差异(P>0.05)，这表明在 25°坡度角以下，不同垂直带土壤类型耕作位移有明显差异。在大于 25°的坡耕地，砾石土与燥红土的平均耕作位移分别为 0.4707m、0.5319m，二者没有明显差异(P>0.05)。

图 4.10 显示不同垂直带土壤的耕作位移随坡度变化关系。在坡度角 3°～37°，砾石土的耕作位移总体上随坡度呈现显著的指数增长方式(D_d=0.1318e$^{1.965S}$，R^2=0.73，N=21，P<0.0001)；在坡度角 3°～35°，其耕作位移随坡度呈线性增加(D_d=0.316S+0.163，R^2=0.873，N=16，P<0.001)，而坡度角 35°以上则呈指数增加趋势。陡坡 35°～37°的平均耕作位移为 0.61m，明显大于其他坡度角(3°～35°)的耕作位移(0.28m)(P<0.01)，说明在 35°以上陡坡耕作引起比其他坡度更多的土壤侵蚀。在测定的坡度角 5°～30°，燥红土的耕作位移随坡度呈线性增加趋势(D_d=0.6348+0.1368，R^2=0.85，N=9，P<0.001)。在测定的四个坡度范围，黄棕壤耕作位移整体随坡度增加而增加，平均耕作位移为 0.35m。

表 4.9　三种土壤的耕作相关数据

土壤类型	坡度角/(°)	耕作位移/m	耕作深度/m	土壤容重/(kg·m^{-3})	耕作传输系数/(kg·m^{-1}·a^{-1})	耕作侵蚀速率/(t·hm^{-2}·a^{-1})
粗骨土(砾石土)	3	0.1653	0.17	1460	44.07	44.07
	5	0.1805	0.17	1561	46.76	46.76
	8	0.2600	0.16	1570	50.92	50.92
	11	0.2185	0.17	1660	54.43	54.43
	13	0.2597	0.17	1600	57.60	57.60
	15	0.2115	0.13	1644	61.19	61.19
	18	0.2582	0.17	1386	64.96	64.96
	20	0.2296	0.17	1306	68.21	68.21
	22	0.3000	0.17	1530	71.20	71.20
	25	0.3242	0.16	1578	75.55	75.55
	26	0.2925	0.14	1530	77.83	77.83
	28	0.4035	0.17	1644	80.89	80.89
	29	0.3244	0.16	1618	83.16	83.16
	33	0.3277	0.17	1627	90.05	90.05
	33	0.4292	0.17	1542	91.48	91.48
	35	0.3491	0.16	1447	94.17	94.17
	35	0.4988	0.16	1479	118.04	118.04
	36	0.5310	0.15	1413	112.55	112.55
	36	0.5167	0.17	1277	112.17	112.17
	36	0.8037	0.16	1140	146.59	146.59
	37	0.7013	0.17	1350	160.95	160.95
	平均值	0.3612	0.16	1493	69.53	69.53
	Cv/%	45.09	6.03	10.57	32.50	32.50

续表

土壤类型	坡度角/(°)	耕作位移/m	耕作深度/m	土壤容重/(kg·m⁻³)	耕作传输系数/(kg·m⁻¹·a⁻¹)	耕作侵蚀速率/(t·hm⁻²·a⁻¹)
泥质土（黄棕壤）	8	0.2323	0.22	1030	38.28	38.28
	14	0.4102	0.16	1010	66.29	66.29
	21	0.3222	0.22	1015	71.95	71.95
	25	0.4340	0.20	1010	87.67	87.67
	平均值	0.3497	0.20	1016	66.05	66.05
	Cv/%	26.27	14.14	0.93	31.19	31.19
燥红土	5	0.1982	0.20	1454	53.64	53.64
	10	0.3113	0.20	1391	69.56	69.56
	15	0.2592	0.20	1417	85.95	85.95
	18	0.3611	0.20	1518	96.16	96.16
	20	0.3359	0.20	1410	103.16	103.16
	23	0.3517	0.20	1275	113.99	113.99
	25	0.4058	0.20	1350	121.47	121.47
	28	0.5205	0.20	1428	133.17	133.17
	30	0.5432	0.20	1382	141.34	141.34
	平均值	0.3652	0.20	1399	102.05	102.05
	Cv/%	30.90	0.00	4.19	28.06	28.06

注：侵蚀速率以 10m 坡长计算

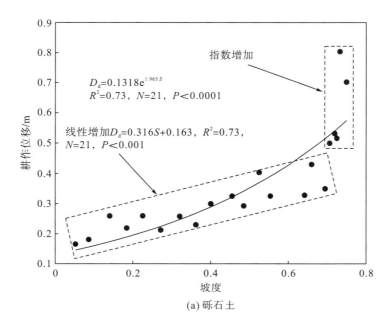

(a) 砾石土

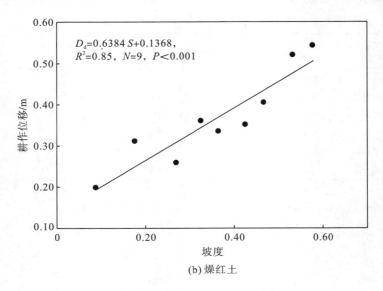

(b) 燥红土

图 4.10 垂直带不同土壤耕作位移与坡度关系

二、耕作侵蚀差异

表 4.10 显示在相同坡度范围内，不同土壤的耕作侵蚀速率差异明显，在坡度角 3°～25° 范围内，砾石土的耕作侵蚀速率为 59.49t·hm^{-2}·a^{-1}，明显低于燥红土 91.99t·hm^{-2}·a^{-1}（$P<0.05$），黄棕壤的耕作侵蚀速率为 66.05t·hm^{-2}·a^{-1} 也明显低于燥红土的耕作侵蚀速率。在 25°以上坡度，砾石土的耕作侵蚀速率为 106.17t·hm^{-2}·a^{-1}，明显低于燥红土耕作侵蚀速率 137.26t·hm^{-2}·a^{-1}（$P<0.05$）。

表 4.10 不同土壤的耕作位移和耕作侵蚀速率

土壤类型	耕作位移/m		耕作侵蚀速率/(t·hm^{-2}·a^{-1})	
	(3°～25°)	(>25°)	(3°～25°)	(>25°)
砾石土(平均值±标准差)	0.24±4.98Aa	0.47±0.16Bb	59.49±11.10Aa	106.17±27.28Ba
黄棕壤(平均值±标准差)	0.35±9.18b	—	66.05±23.09ab	—
燥红土(平均值±标准差)	0.30±0.09Ab	0.57±0.07Bb	91.99±29Abc	137.26±5.78Bb

注：每列不同小写字母表示 0.05 水平上显著差异，相同字母则无差异；每行不同大写字母表示 0.05 水平上显著差异，相同字母则无差异。

根据耕作位移与坡度之间建立的相关关系，计算得到土壤传输量，由此可以建立土壤传输系数与坡度之间的相关关系，如图 4.11 所示，在测定坡度范围内，燥红土耕作土壤传输系数随坡度呈显著的线性增加关系（$Q_s=179.8S+37.99$，$R^2=0.99$，$N=9$，$P<0.001$）；砾石土在坡度角 3°～35°范围，耕作土壤传输系数随坡度呈线性增加关系（$Q_s=78S+39.99$，$R^2=0.99$，$N=16$，$P<0.001$），但是在坡度角 35°～37°范围表现出突然增大的趋势，即表明

35°是耕作土壤传输系数突然增大的休止角。表 4.11 显示不同土壤的传输系数差异，燥红土耕作传输系数 K_4 为 179，约是砾石土的耕作传输系数 K_4(78)的 2.3 倍，这表明砾石土耕作侵蚀随坡度变化率明显比燥红土小。

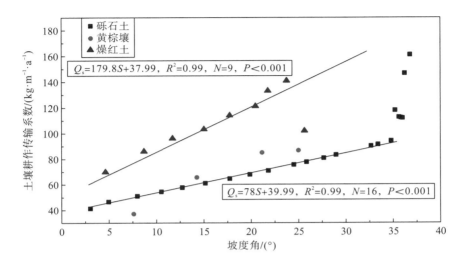

图 4.11　不同土壤的耕作土壤传输系数与坡度角关系

表 4.11　不同土壤耕作传输系数比较

	耕作工具	坡度角/(°)	平均耕作深度/m	耕作传输系数 K（或 K_3、K_4）	位置	数据来源
本研究	双齿人工锄耕（顺坡）	3～35	0.16	40(K_3)；78(K_4)	云南，东川	本研究
	板锄锄耕（顺坡）	5～30	0.20	38(K_3)；179(K_4)	云南，元谋	本研究
其他研究	板锄锄耕（顺坡）	2～23	0.22	31(K_3)；141(K_4)	四川，简阳	参考文献[10]
	板锄锄耕（传统耕作）	5～33	0.17	37(K_3)；118(K_4)	重庆，忠县	参考文献[70]
	板锄锄耕（无翻转耕作）	5～33	0.19	17(K_3)；35(K_4)	重庆，忠县	参考文献[70]

注：耕作传输系数单位为 kg·m^{-1}·a^{-1}。

　　干热河谷区坡耕地的耕作侵蚀研究主要涉及三种土壤类型，即砾石土、燥红土和黄棕壤，平均耕作深度为 16～20cm，耕作方式基本是人力锄耕，造成的平均耕作位移在 36cm，仅有四川凉山州干旱河谷区坡耕地的平均耕作位移偏小（26cm 左右），整体上差异较小（表 4.12），云南元谋燥红土平均耕作侵蚀速率最大，其他区域基本维持在 66～76t·hm^{-2}·a^{-1}。从耕作传输系数看，耕作传输系数 K_3 位于 31～40 区间，而耕作传输系数 K_4 则表现出黄棕壤和燥红土差异较小，分别是 171、179，而砾石土为 78，远低于黄棕壤和燥红土的传输系数（表 4.13），表明在三种土壤中砾石土耕作传输系数最小，其主要是由于砾石土中大量砾石的阻碍，导致耕作工具很难切入土壤中，并对人力拉拽作用有更大阻碍，使得其耕作性能降低，其产生的耕作侵蚀也最小。

表 4.12   干旱河谷区坡耕地耕作侵蚀定量研究情况一览表

研究区	土壤类型	耕作方向	耕作工具	耕作深度/cm	平均耕作位移/cm	耕作侵蚀速率/$(t \cdot hm^{-2} \cdot a^{-1})$
云南东川	粗骨土(砾石土)	顺坡	双齿锄头	16	36.1	69.5
	黄棕壤	顺坡	单柄锄头	20	35.0	66.1
云南元谋	燥红土	顺坡	单柄锄头	18	36.5	102.1
四川凉山州	黄棕壤	顺坡	单柄锄头	18	26.4	76.0

表 4.13   干旱河谷区不同土壤耕作传输系数比较

土壤类型与耕作方向	坡度角/(°)	平均耕作深度/cm	耕作传输系数 K（或 K_3、K_4）	位置	数据来源
黄棕壤，板锄(顺坡耕作)	0～30	18	31(K_3)；171(K_4)	四川，西昌	本研究
粗骨土(砾石土)，双齿锄(顺坡耕作)	3～35	16	40(K_3)；78(K_4)	云南，东川	参考文献[118]
燥红土，板锄(顺坡耕作)	5～30	20	38(K_3)；179(K_4)	云南，元谋	参考文献[118]

以上结果说明，垂直带不同土壤类型其耕作位移存在明显差异，这主要是因为砾石土中砾石含量高，采取双齿锄耕作工具，导致耕作深度和产生的土壤位移明显小于其他土壤。35°左右是砾石土耕作位移突然增大的休止角，这主要是因为砾石土中砾石含量高，耕作过程中在重力作用下，大量砾石发生滑动、滚动甚至跳跃，使得耕作位移突然变大，从而形成休止角。在测定的坡度角范围内，黄棕壤的耕作侵蚀速率为 $66.05 t \cdot hm^{-2} \cdot a^{-1}$ 明显低于燥红土的耕作侵蚀速率。在 25°以上坡度，砾石土的耕作侵蚀速率为 $106.17 t \cdot hm^{-2} \cdot a^{-1}$，明显低于燥红土耕作侵蚀速率($137.26 t \cdot hm^{-2} \cdot a^{-1}$)($P < 0.05$)，说明垂直带不同土壤间耕作侵蚀有明显差异，这主要是因为土壤性质差异，导致耕作工具不同，从而减小了耕作位移，降低了耕作侵蚀速率。

第五章　干旱河谷区耕作侵蚀对水蚀的作用机制

土壤侵蚀是影响人类生存和发展的主要环境问题之一，不仅直接造成土壤损失和养分流失，使土壤质量退化、肥力下降、生产力降低，影响农业生产和粮食安全，而且随坡面径流流失的土壤中富含营养元素，给下游的生态、环境、人类生存带来重大影响。我国是世界上土壤侵蚀较严重的国家之一，土壤侵蚀面积大、分布广、危害大、治理难度大，严重制约我国经济发展。

坡面土壤侵蚀是水蚀的源头，包括降雨击溅、径流冲刷造成的土壤分离、泥沙搬运和沉积三大过程，在此过程中产生多种土壤侵蚀类型。我国丘陵面积约占陆地总面积三分之二，其中坡耕地占有很大比例。坡耕地水土流失一直以来都受到学者们的关注。已有资料表明，坡耕地是江河泥沙的主要来源[162]，严重的坡耕地土壤侵蚀使丘陵区耕地土层变薄，养分流失，耕地生产力降低，阻碍山区农业可持续发展。

坡耕地土壤侵蚀包括耕地土壤物质表面剥离和搬运，长期以来坡面土壤侵蚀主要关注的是坡面土壤物质在水力作用下发生剥离和搬运的过程，而在农业生产中的坡耕地上，人类耕作活动同样会导致土壤物质的剥离和搬运，即耕作侵蚀。耕作侵蚀实质就是坡耕地土壤在耕作工具作用下，在坡面发生再分布的过程。通常坡耕地上耕作活动发生的土壤侵蚀和水力作用产生的土壤侵蚀不是独立的，而是共同作用形成复合侵蚀，二者之间相互联系、相互作用和相互影响。

耕作一般对土壤产生两个方面的影响：一是耕作工具对土壤的原位扰动，其不发生位移，仅仅是土壤的松动，未造成土壤侵蚀，这方面的影响研究较多；二是由于耕作工具对土壤产生拉动，特别是坡面土壤，这种拉动不可避免使得土壤沿坡面发生搬运、分散和堆积，最终造成侵蚀。耕作对土壤产生的影响（即土壤松动与土壤侵蚀）必然对坡面土壤的入渗和径流产生不同影响，目前大多数的研究主要集中于土壤松动对坡面入渗、产流产沙的影响，而关于耕作产生的土壤再分布和地形演变对坡面产流产沙的影响研究较少。目前已知的展开坡面耕作侵蚀对水蚀的研究主要是西南紫色土区和干旱河谷区。

第一节　试验设计与方法

坡耕地耕作过程产生的坡面土壤再分布在上坡或凸出部位主要表现为侵蚀，而在下坡或凹部表现为土壤沉积，在坡长较长的一些坡面上，在坡面水蚀作用下，中下坡部位常常因为坡面径流作用发生沟蚀，形成侵蚀沟。因此，在研究耕作侵蚀对水蚀的作用时，通常在两个方面进行试验：一是在上坡部位，因为该部位耕作侵蚀严重，坡面形态上直接表现为土壤层变薄；二是在下坡部位，在形成水蚀沟的情况下，由于耕作活动，中上坡土壤被搬运至下坡，对水蚀沟进行平复，表现出耕作位移变化特征。

一、流量处理

冲刷试验主要是研究耕作侵蚀对水蚀的影响，本章试验在云南省元谋县苴林村境内的元谋干热河谷沟蚀崩塌观测研究站内完成，站内原位建立不同坡度角(5°、10°、15°)的试验小区共 4 个(5°小区 1 个、10°小区 2 个、15°小区 1 个)，小区宽×长为 2m×10m，小区内土壤为燥红土，土壤平均厚度为 0.5m。由于该区土壤侵蚀形式主要为坡面汇流形成的沟蚀，因此采用冲刷试验，并在小区顶部出水口模拟片蚀形态，能反映主要土壤侵蚀过程，为进一步研究细沟侵蚀奠定基础。

为了获得稳定的径流，在小区上坡附近建立稳流池，同时在小区顶部建立与小区同宽的稳流池，在稳流池内铺设薄膜，以保证出水稳定并形成漫流(图 5.1)。在小区底部建立与小区同宽的出水口，出水口直接接入沉沙池。根据小区建立的气象站降雨数据，发生频率最高的降雨强度为 $30mm \cdot h^{-1}$、$45mm \cdot h^{-1}$、$60mm \cdot h^{-1}$，换算成单宽流量为 $5.0L \cdot min^{-1} \cdot m^{-1}$、$7.5L \cdot min^{-1} \cdot m^{-1}$、$10.0L \cdot min^{-1} \cdot m^{-1}$。在冲刷试验开始前，利用量杯和秒表在小区顶部的进水口测定放水流量，反复矫正直到达到设定的流量。

(a) 冲刷处理   (b) 稳流池

图 5.1   冲刷处理和稳流池

二、上坡侵蚀区试验处理

(一)上坡耕作侵蚀强度处理

前述研究表明，在坡耕地上，耕作侵蚀导致上坡土壤连续向下坡运动，其最直观的表现是上坡土层深度变薄。假定农民不采取任何弥补措施，持续不断耕作导致坡顶母岩裸露。为了测定上坡耕作侵蚀对坡面径流和产沙产生的影响，在径流小区的上坡设置不同土层厚度以模拟不同的耕作侵蚀强度，通过冲刷试验观察初始产流阶段即片蚀情况下，不同耕作侵蚀强度下坡面产流产沙的变化趋势。在云南元谋干热河谷区开展耕作侵蚀对水蚀的研究试验[118]，主要在 10°坡面上，分别设置了 0.05m、0.1m、0.2m、0.3m 等不同厚度土层，挖出土壤后铺设不透水花胶布，再回填不同厚度土层表征不同耕作侵蚀强度，以上坡直接铺设花胶布表示强侵蚀后，上坡出现母岩裸露情况。每种耕作侵蚀强度（不同厚度土层）均设置了三种单宽流量（5.0L·min⁻¹·m⁻¹、7.5L·min⁻¹·m⁻¹、10.0L·min⁻¹·m⁻¹）。在 3 个坡度角（5°、10°、15°）径流小区上坡均设置了 10cm 厚度土层（相同耕作侵蚀强度），同时每个坡度角上设置了三种单宽流量（5.0L·min⁻¹·m⁻¹、7.5L·min⁻¹·m⁻¹、10.0L·min⁻¹·m⁻¹），以此全方位观察不同耕作强度、不同单宽流量和不同坡度下坡面产流产沙变化，研究不同坡度和不同流量下耕作侵蚀对水蚀的作用机制。

（二）耕作年限与土层厚度之间换算

利用耕作侵蚀速率公式[66]和减少的土层深度土壤损失量计算耕作年限，耕作侵蚀速率公式如下：

$$R = \frac{10DB(K_1 + K_2 S)}{L} \tag{5-1}$$

式中，R 为耕作侵蚀速率（t·hm⁻²·a⁻¹）；D 为耕作深度（m）；B 为土壤容重（kg·m⁻³）；K_1 和 K_2 为耕作传输系数（kg·m⁻¹·a⁻¹）；S 为坡度；L 为坡长（m）。在元谋野外坡耕地测定的 K_1 和 K_2 分别是 0.1368kg·m⁻¹·a⁻¹、1.6384kg·m⁻¹·a⁻¹。经过计算，10°径流小区的耕作侵蚀速率是 69.56t·hm⁻²·a⁻¹。上坡土壤损失量可以通过以下公式计算：

$$S_L = \frac{10V_S B}{A} \tag{5-2}$$

式中，S_L 为土壤损失量（t·hm⁻²）；V_S 为上坡挖出的土壤体积（m³）；A 为径流小区面积（m²）。

最后用土壤损失量除耕作侵蚀速率即代表损失土壤量的耕作次数，再以耕作次数除以每年的耕作频率，即可计算出耕作年限。假定一年耕作一次，那么根据残留不同的土层厚度即可计算出耕作年限。理论上，当上坡土层全部被搬运后，母岩裸露，此时的耕作侵蚀最强。不同耕作层深度与耕作年限关系见表 5.1。

表 5.1　上坡不同耕作层深度（模拟）与不同耕作年限关系

耕作层深度/m	土壤传输量/(t·hm⁻²)	耕作年限/a
0	3000	43
0.05	2625	38
0.10	2250	32
0.20	1500	22
0.30	750	11
0.40	0	0

注：此数据来源于文献[118]。

三、沉积区耕作位移处理

金沙江干热河谷区降雨集中，土壤抗蚀性差，水蚀作用强烈，在坡耕地下坡易形成细沟。农民在耕作过程中，通过耕作的传输作用，细沟通常会被填充。因此，耕作侵蚀也会导致坡面细沟的完全填充。本试验的主要目的是模拟沉积区耕作侵蚀对沟蚀区坡面产流产沙的影响。具体试验流程为：在径流小区下坡 5～10m 位置，模拟设置两条水蚀沟（宽 0.3m、深 0.3m，沟间距约 0.5m）。然后从小区顶部放水，经过处理后，在上坡形成坡面面蚀，以模拟径流开始的初始阶段，分别观察细沟在未填沟、填半沟、填满沟三种情况下坡面产流产沙的变化趋势，具体处理见表 5.2。填入细沟的土壤来自径流小区，填入前去除杂草、碎石等非土壤物质，过 2cm 的筛，称重后填入细沟。

耕作位移量可以通过填入细沟土壤的重量进行计算[32]：

$$Q_\mathrm{S} = \frac{F}{N} \tag{5-3}$$

式中，Q_S 为耕作位移量（kg·m^{-1}），F 为填入细沟的土壤重量（kg），N 为细沟的长度（m）。

表 5.2　下坡细沟填土量与耕作位移量间的关系

耕作侵蚀强度	填沟强度	填入土重/kg	耕作位移量/(kg·m^{-1})
无侵蚀	未填沟	0	0
轻度侵蚀	填半沟	60	12
强烈侵蚀	填满沟	105	21

注：此数据来源于文献[118]。

四、冲刷试验与泥沙收集

分别在三个坡度小区完成上坡不同耕作年限和下坡细沟不同填土量处理的冲刷试验，观测在不同耕作强度和不同放水流量处理条件下坡面产流产沙变化特征（图 5.2）。试验坡面长 10m、宽 2m，坡度角为 5°、10°、15°，在试验坡面顶部附近建立储水池，储水池连接供水软管放水，在软管末端安装定水头以控制流量。在坡面顶部设置水平溢流槽，采用 PVC（聚氯乙烯）工程塑料制成，防止水流下渗。溢流槽出水口铺设宽 2m、长 10m 的塑料薄膜以缓冲水流并使水流均匀溢出，以保证上方冲刷水流均匀、平稳，并以薄层水流形式进入坡面，于模拟自然条件下的坡面上方汇水。坡底设置倒三角形集水槽，用以收集坡面径流和泥沙（图 5.3）。试验设计流量为 6L·min^{-1}、9L·min^{-1}、12L·min^{-1}，每次冲刷试验前多次测定出水端流量，直到出水流量稳定并到达设计流量，误差不超过 5%。

(a) 上坡处理放水试验　　　　　　　　　(b) 下坡处理放水试验

图 5.2　冲刷试验现场

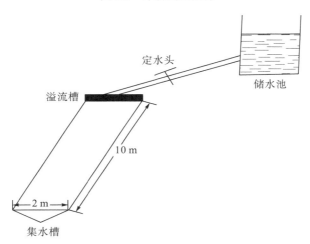

图 5.3　冲刷试验坡面示意图

　　为了保证土壤含水量一致，每次冲刷试验后均需间隔几天，利用 TDR 水分仪测定土壤含水量，使得每次试验的土壤含水量均保持在 10% 左右。所有处理下坡出水产流时间均持续 30min，径流泥沙每间隔 2min 采用 5000mL 塑料桶收集，用秒表记录收集时间，并用 500mL 塑料瓶采集水沙样，直到冲刷试验结束。采集的泥沙样完全澄清后，分离上层清水和下层水沙样品，水沙样沉淀分离后，洗入铁皮盒内，泥沙样品在恒温烘箱内以 105℃ 烘干后称重，同时做好记录。待下坡出水口开始产流后，分别在上坡(0~4m)、中坡(4~7m)、下坡(7~10m)位置，利用染色剂法测定表层流速，利用直尺测量径流宽度和径流深。另外，观察坡面开始产生细沟的时间和位置，冲刷试验结束后，利用直尺测定上坡、中坡、下坡水蚀沟的宽度和深度，并做好记录。

五、水力学参数的计算

　　坡面土壤侵蚀产沙是在顺坡流动过程中，坡面径流剪切坡面土壤并剥离土壤作用的结果，已有的研究结果已经证明坡面水流的侵蚀作用强度与径流剪切力呈正相关[163,165]。径流

剪切力 τ 可表示为[165]

$$\tau = \rho g h \sin \theta \tag{5-4}$$

式中，ρ 为水的密度（kg·m^{-3}）（设定水在 25℃时的密度为 1000kg·m^{-3}）；g 为重力加速度，取 9.8m·s^{-2}；h 为径流深（m）；θ 为坡度角（°）。

试验中实测的表层流速，通过式(5-5)进行矫正为平均流速[166, 167]：

$$v = \alpha S_v \tag{5-5}$$

式中，α 为校正系数，取值 0.67；S_v 为表层流速（m·min^{-1}）。

第二节 侵蚀区耕作位移对坡面水蚀的影响

山区坡耕地土壤侵蚀不仅包括水蚀，也包含人类的耕作活动即耕作侵蚀，作为坡耕地主要的侵蚀类型，耕作侵蚀和水蚀之间存在某种相互作用关系[30]。为了准确估算坡面土壤侵蚀速率和人类活动对土壤侵蚀的贡献度，开展耕作侵蚀对坡面水蚀的作用机制研究具有重要意义，同时在山区坡耕地开展坡耕地整治、优化水土保持措施、提高农业生产效率等方面具有现实意义。

研究耕作侵蚀导致土层变薄对坡面水蚀的作用机制，主要是通过在野外径流小区内进行冲刷试验，模拟不同耕作侵蚀强度条件下径流对坡面泥沙的剥离作用，分析坡耕地不同耕作强度导致的上坡不同土层厚度对坡面产流产沙、坡面水动力参数变化以及坡面水蚀程度的影响，研究在耕作侵蚀作用下坡度和降雨强度对坡面水蚀的影响，从而全面揭示耕作侵蚀对坡面水蚀的影响机制。通过研究坡面水蚀过程中耕作侵蚀的影响机制，不仅能全面认识坡面土壤侵蚀过程，也有助于完善土壤侵蚀过程模型。

一、耕作侵蚀引起的坡面产流产沙变化

（一）不同耕作侵蚀强度下坡面产流产沙特征

在坡度角为 10°的径流小区内模拟坡耕地不同耕作侵蚀强度（即不同耕作年限），观测上坡不同土层厚度下坡面产流和产沙变化特征（具体试验方法见本章第一节），探明上坡不同耕作侵蚀强度对水蚀的影响机制。图 5.4 和表 5.3 是不同耕作年限下产流率随时间变化趋势，结果显示，不同耕作强度坡面产流初始时间变化趋势为耕作 11 年（43min18s）＞耕作 22 年（34min35s）＞耕作 32 年（32min27s）＞耕作 38 年（23min30s）＞耕作 43 年（9min21s），表明坡面土壤耕作侵蚀强度与产流起始时间密切相关。随着耕作年限增加，即耕作侵蚀强度越大，产流越快（产流起始时间越早）。从产流率随时间的变化趋势看，所有耕作强度下，产流率均表现出先急剧增大，随后逐步达到稳定产流状态。耕作年限为 43 年时（上坡 0cm 土层厚度，即母岩裸露），产流后第 0～10min，径流几乎呈直线增加，在第 10min 达到稳定产流，最大值 25L·min^{-1}。耕作年限为 38 年时（5cm 土层厚度），产流

后第 0～4min 径流急剧增大，随后第 4～22min 径流呈阶梯状增大，在 22min 后达到最大值 25L·min^{-1}，并趋于稳定。耕作年限为 32 年时(10cm 土层厚度)，坡面产流后，径流基本呈现阶梯状增加趋势，并于 28min 达到最大值 25L·min^{-1}。耕作年限为 22 年时(20cm 土层厚度)，开始产流后，径流随时间缓慢增大并于 24min 达到最大值 17.65L·min^{-1}，并趋于稳定。耕作年限为 11 年时(30cm 土层厚度)，开始产流后，径流随时间缓慢增大并于第 14min 总体达到稳定，最大值为 16.67L·min^{-1}。从径流变化趋势看，耕作强度越大，其达到最大产流的时间越早，但是达到稳定产流时间越延后，产流率最大值整体上随耕作强度的增大而增大。

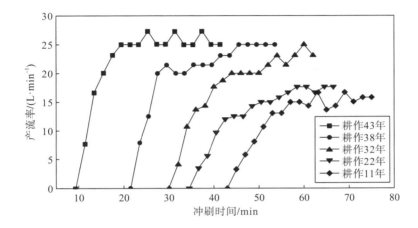

图 5.4　不同耕作年限下坡面产流率随时间的变化

表 5.3　不同耕作年限下坡面径流产流率和产沙率的变化

耕作年限/年	径流开始时间	平均产沙率/(g·min^{-1}·m^{-2})	平均产流率/(L·min^{-1})	累计产沙量/g	累计产流量/L
43	9min21s	324.53±100.27a	23.39±4.98A	10385	749
38	23min30s	279.99±85.90ab	21.08±4.73AB	8960	674
32	32min27s	222.44±84.18c	18.51±5.43BC	7118	592
22	34min35s	199.21±68.38cd	13.73±4.32D	6375	439
11	43min18s	112.44±41.67e	12.88±3.96DE	3598	412
CK	14min50s	36.85±20.95f	10.66±3.08EF	1179	341

注: 不同小写字母表示不同耕作年限的产沙率存在显著差异; 不同大写字母表示不同耕作年限下的平均产流率存在显著差异; CK 为对照组。

　　图 5.5 是不同耕作年限下的土壤产沙率变化特征，结果显示，不同耕作年限下的产沙率随时间变化趋势基本与产流率变化一致，但是当产沙率达到最大值后，其并未如产流率一样随后达到稳定值，而是整体上呈减小趋势直至试验结束。不同耕作年限下坡面最大产沙率变化趋势为：耕作 11 年(203.82g·min^{-1}·m^{-2})＜耕作 22 年(280.68g·min^{-1}·m^{-2})＜耕作 32 年(308.57g·min^{-1}·m^{-2})＜耕作 38 年(435.73g·min^{-1}·m^{-2})＜耕作 43 年(522.85g·min^{-1}·m^{-2})，

在开始产流后至达到最大产沙率这段时间内,耕作强度越大,其产沙率随时间变化越急剧。综上,耕作侵蚀强度越大,产沙率最大值也越大,同时也越早达到最大值,尽管产流率趋于稳定,但产沙率并没有明显达到稳定值。

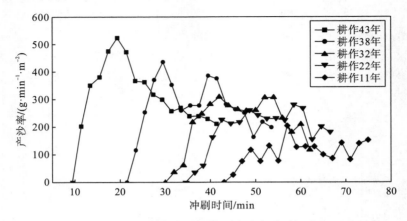

图 5.5   不同耕作年限下坡面产沙率随时间变化

图 5.6 和图 5.7 是不同耕作年限下坡面累计产流量和累计产沙量随时间变化趋势,结果表明,所有耕作年限下的坡面累计产流量和累计产沙量均随时间增加而增加。表 5.3 显示,不同耕作年限下平均产流率变化规律为:耕作 43 年(23.39L·min⁻¹)＞耕作 38 年(21.08L·min⁻¹)＞耕作 32 年(18.51L·min⁻¹)＞耕作 22 年(13.73L·min⁻¹)＞耕作 11 年(12.88L·min⁻¹),平均产沙率的变化也呈现相同趋势:耕作 43 年(324.53g·min⁻¹·m⁻²)＞耕作38 年(279.99g·min⁻¹·m⁻²)＞耕作 32 年(222.44g·min⁻¹·m⁻²)＞耕作 22 年(199.21g·min⁻¹·m⁻²)＞耕作 11 年(112.44g·min⁻¹·m⁻²),累计产流量和累计产沙量均随耕作年限的增加而增大。与对照组相比,平均每增加一次耕作,土壤侵蚀速率增大 106kg·hm⁻²·a⁻¹,这些结果表明,产流率和产流量随着耕作年限的增加而增大,同时,产沙率和产沙量也随耕作强度的增加而增大,揭示了强烈的耕作侵蚀减小上坡土层厚度,促进坡面产流,最终增大了坡面产沙,即加速了坡面水蚀。

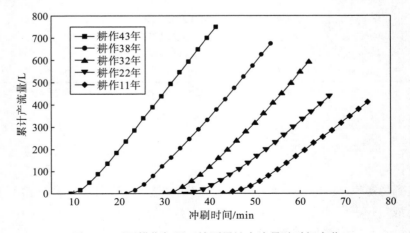

图 5.6   不同耕作年限下坡面累计产流量随时间变化

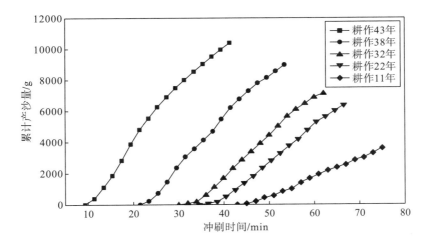

图 5.7　不同耕作年限下坡面累计产沙量随时间变化

　　在 10°径流小区模拟上坡不同土层深度，采用相同放水流量，结果表明，坡面产流产沙率和累计产沙量随耕作年限的增大而增大，强烈耕作导致上坡土层变薄，明显增大了坡面产流产沙，即上坡耕作侵蚀加速了坡面水蚀的作用，产生这种结果的主要原因有以下几点。第一，上坡土层变浅减小径流入渗，增大坡面产流。已有研究表明强烈耕作导致坡面土壤发生顺坡搬运，在上坡发生耕作侵蚀，即引起土壤变薄，而在坡脚发生耕作沉积[23, 168]。本试验结果显示，当坡面流发生时，上坡土层变薄，底层母岩会减小径流的土壤入渗，在上坡来水量一定的情况下，相对增大坡面径流。坡面径流增大相应增大径流侵蚀力，最终会增大坡面产沙率[169, 170]。第二，强烈耕作导致土壤抗蚀性降低增大土壤侵蚀力。早前的研究也已证实，耕作侵蚀将上坡表层富含有机质的土壤搬运到中下坡[23, 69, 168, 171]，从而使得上坡亚表层土壤暴露；另外强烈耕作也导致上坡团聚体的破坏，从而降低壤抗蚀性[16]，上坡土壤有机质的减小和团聚体的破坏使得土壤更容易受到坡面水蚀[62]，从而增大坡面产沙。第三，坡面耕作强度增加，土层变薄，增大坡面径流，径流量的增大相应增大了坡面流速，增大坡面径流剪切力从而增大了产沙率[172]；已有研究也证实流速与产沙量土之间呈现显著的线性关系[173]，即产沙量随流速增大而增大。第四，耕作侵蚀导致上坡土层变薄，同时引起汇入下坡的径流中含沙量的差异，从而引起坡面出口产沙量变化。已有研究证实，上方来水对下坡侵蚀产沙的影响随上方来水中含沙量的减小而增大，即来水中含沙量越大，侵蚀产沙越小[169, 170, 174-176]。试验中，相比于耕作 38 年、耕作 32 年、耕作 22 年、耕作 11 年，耕作 43 年时上坡母岩出露，水流携带泥沙减少，因而汇入下坡的水流含沙率降低，但是汇入下坡的径流增大，径流侵蚀力增大，从而出水口产沙量增大。第五，已有模拟耕作研究表明，强烈耕作导致坡面土壤团聚体的严重破碎，坡面微团聚体和黏粒含量明显增加[16]，而坡面水蚀具有明显的选择性传输细颗粒物质的作用[65, 111, 177]，即耕作侵蚀为水蚀提供了传输的物质源。因此，强烈耕作通过减小上坡土层深度、破坏土壤团聚体，增大坡面产流和径流侵蚀力、减小土壤抗蚀性，促进坡面产沙，揭示了强烈耕作导致的上坡土壤侵蚀加剧了坡面水蚀。

(二)不同单宽流量下坡面产流产沙特征

图 5.8~图 5.11 是耕作 32 年时三种不同单宽流量的坡面产流产沙特征,结果显示,三种单宽流量的产流起始时间变化趋势是:$10L\cdot min^{-1}\cdot m^{-1}$(32min)$<7.5L\cdot min^{-1}\cdot m^{-1}$(37min)$<5L\cdot min^{-1}\cdot m^{-1}$(50min3s),即流量越大产流起始时间越早。三种流量的产沙率随时间变化均表现出先急剧增大到最大值,随后基本保持稳定,并逐渐减小,单宽流量 $10L\cdot min^{-1}\cdot m^{-1}$、$7.5L\cdot min^{-1}\cdot m^{-1}$ 的最大产沙率($308.57g\cdot min^{-1}\cdot m^{-2}$、$383.96g\cdot min^{-1}\cdot m^{-2}$)明显大于 $5L\cdot min^{-1}\cdot m^{-1}$ 的产沙率($150.97g\cdot min^{-1}\cdot m^{-2}$);而产流率表现出先增大后逐步稳定的变化特征;不同单宽流量的累计产沙量变化规律为 $7.5L\cdot min^{-1}\cdot m^{-1}$(8391.52g)$>10L\cdot min^{-1}\cdot m^{-1}$(7118.12g)$>5L\cdot min^{-1}\cdot m^{-1}$(2765.88g),径流量随放水流量增大而增大。

不同耕作强度条件下,不同单宽流量呈现出一定差异。表 5.4 结果显示,耕作年限为 11 年和 38 年时,单宽流量 $7.5L\cdot min^{-1}\cdot m^{-1}$ 和 $5L\cdot min^{-1}\cdot m^{-1}$ 之间产沙量无明显差异($P>0.05$),但是二者的产沙量均明显比 $10L\cdot min^{-1}\cdot m^{-1}$ 小($P<0.05$)。另外,耕作年限为 32 年时,单宽流量 $10L\cdot min^{-1}\cdot m^{-1}$ 和 $7.5L\cdot min^{-1}\cdot m^{-1}$ 间的产沙量也无明显差异,但是均明显比 $5L\cdot min^{-1}\cdot m^{-1}$

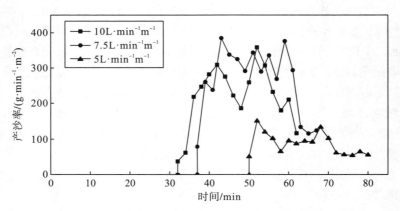

图 5.8 不同单宽流量下耕作 32 年坡面产沙率变化特征

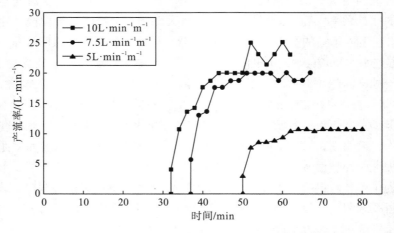

图 5.9 不同单宽流量下耕作 32 年坡面产流率变化特征

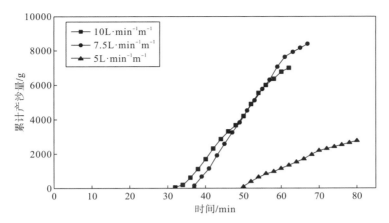

图 5.10　不同单宽流量下耕作 32 年坡面累计产沙变化特征

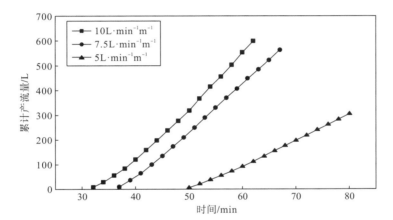

图 5.11　不同单宽流量下耕作 32 年坡面累计产流变化特征

表 5.4　不同耕作强度不同流量的产流产沙特征

耕作年限/ 年	单宽流量/ (L·min⁻¹·m⁻¹)	平均产沙率/ (g·min⁻¹·m⁻²)	平均产流率/ (L·min⁻¹)	累计产流量/ L	累计产沙量/ g
	10	324.53±100.27a	23.39±4.98A	748.51	10385.01
43	7.5	173.09±65.79b	17.42±3.91B	557.53	5538.92
	5	11.66±7.42c	16.17±3.19B	517.59	373.19
	10	279.99±85.90a	21.03±4.73A	674.53	8959.60
38	7.5	141.96±56.60b	13.83±4.47B	442.55	4542.83
	5	109.24±38.53b	10.00±1.73B	304.26	3495.68
	10	222.44±84.18a	18.51±5.43A	592.35	7118.12
32	7.5	262.23±97.68a	17.59±3.83A	562.77	8391.52
	5	86.43±30.46b	9.53±2.02B	304.88	2765.88
	10	199.21±68.38a	13.73±4.32A	439.44	6374.69
22	7.5	124.30±48.88b	12.88±3.96A	412.05	3977.57
	5	82.30±26.64c	10.77±3.12B	344.49	2633.68

续表

耕作年限/年	单宽流量/(L·min⁻¹·m⁻¹)	平均产沙率/(g·min⁻¹·m⁻²)	平均产流率/(L·min⁻¹)	累计产流量/L	累计产沙量/g
	10	175.98±52.55a	13.66±2.74A	437.05	5631.34
11	7.5	118.36±51.46b	12.88±3.96A	412.05	3787.50
	5	113.47±39.61b	10.60±2.41B	339.15	3631.10

注：不同小写字母表示不同流量的产沙率存在显著差异；不同大写字母表示不同流量的平均产流率存在显著差异；相同字母则表示无显著差异。

产沙量大（$P<0.05$）。耕作年限为 22 年和 43 年时，其产沙量均随单宽流量的增大而明显增大（$P<0.05$）。另外，不同耕作年限情况下，平均产流率和累计产流量总体上呈现出随单宽流量的增大而增大。这些结果表明，在试验条件下，单宽流量越大越容易产流，径流率更大，产沙量也更大。

（三）不同坡度角下坡面产流产沙特征

图 5.12～图 5.15 是耕作年限为 32 年时不同坡度角下的产流产沙变化情况。图 5.13 显示三个坡度角产流起始时间变化规律为 5°（41min30s）＞10°（32min）＞15°（27min），表现出随坡度角增加产流起始时间缩短的变化趋势；15°小区的产流率在产流后的前 6min 时间内急剧增大，6min 以后，产流率基本保持稳定不变，最大值为 25L·min⁻¹；10°小区的产流率整体随着时间延长而呈现阶梯状增大，最大值为 25L·min⁻¹；5°小区的产流率在产流后的前 8min 内基本呈现阶梯状增大，而 8min 后基本达到稳定值，最大值为 10L·min⁻¹。图 5.12 结果显示，10°小区和 15°小区的产沙率基本在产流的 0～8min 内明显增大，8min 后达到稳定值，并且产沙率均在 22min 后明显减小，最大值分别为 308.57g·min⁻¹·m⁻² 和 536.08g·min⁻¹·m⁻²；而 5°小区则与两个陡坡明显不同，产沙率一开始达到最大值 27.05g·min⁻¹·m⁻²，随后逐步减小。以上结果说明，坡度角越大，达到稳定产流时间越早，最大产流量越大，最大产沙量也越大，缓坡达到最大产沙时间早于陡坡。

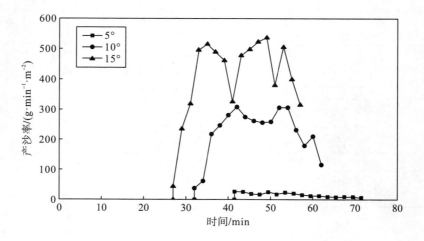

图 5.12　不同坡度角下耕作 32 年坡面产沙率变化特征

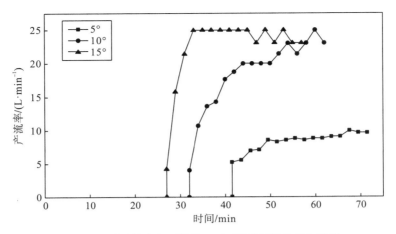

图 5.13 不同坡度角下耕作 32 年坡面产流率变化特征

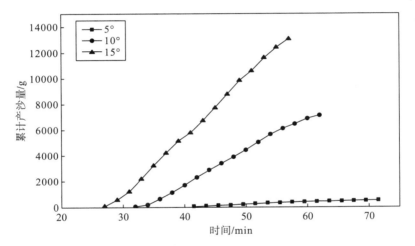

图 5.14 不同坡度角下耕作 32 年坡面累计产沙量变化特征

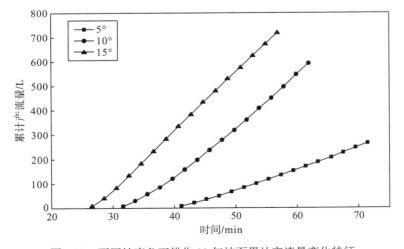

图 5.15 不同坡度角下耕作 32 年坡面累计产流量变化特征

表 5.5 显示，5°小区的平均产沙率为 16.01g·min^{-1}·m^{-2}，明显低于 10°和 15°的产沙率（222.44g·min^{-1}·m^{-2}、407.54g·min^{-1}·m^{-2}）（$P<0.05$），10°小区的产沙率也明显低于 15°小区的产沙率（$P<0.05$）；15°小区的累计产沙量分别是 10°小区和 5°小区的 1.83 倍和 25.47 倍，10°小区的累计产沙量是 5°小区的 13.9 倍。另外，不同坡度角下的产流率也表现出同产沙率相似的变化趋势，5°小区的平均产流率为 8.31L·min^{-1}，明显低于 10°小区和 15°小区的平均产流率（18.51L·min^{-1}，22.42L·min^{-1}）（$P<0.05$）；15°小区的累计产流量分别是 10°小区和 5°小区的 1.21 倍和 2.70 倍，10°小区累计产流量是 5°小区的 2.23 倍。以上结果表明坡度增大缩短了产流起始时间，同时在耕作侵蚀作用下，坡面产流率随坡度的增大而增大，同时也增强了耕作侵蚀对坡面水蚀的作用。

表 5.5 不同坡度角下坡面产流产沙变化

耕作年限/年	坡度角/(°)	产流起始时间	平均产沙率/(g·min^{-1}·m^{-2})	平均产流率/(L·min^{-1})	累计产沙量/g	累计产流量/L
	5	41min30s	16.01±6.84a	8.31±1.39a	512	266
32	10	32min	222.44±84.18b	18.51±5.43b	7118	592
	15	27min	407.54±133.62c	22.42±5.40c	13041	718

注：不同小写字母表示不同坡度产流率和产沙率存在显著差异，相同字母则表示无显著差异。

降雨强度、坡度是研究坡面土壤侵蚀、影响土壤侵蚀强度的主要参数[178]。当降雨强度或者降雨历时超过一定量时，才能发生坡面侵蚀，同样，在一定降雨强度下，当达到一定坡度后，才会发生水土流失。坡度和流量变化从而改变坡面水力学参数，增大坡面水流侵蚀力，增大坡面产沙。大量研究已证明，流量增大会显著增大产沙率，而坡度与产沙率之间的关系要复杂得多[179]。通过在 5°、10°、15°的径流小区模拟耕作 32 年，观测单宽流量为 5L·min^{-1}·m^{-1}、7.5L·min^{-1}·m^{-1}、10L·min^{-1}·m^{-1} 引起的产沙率和累计产沙量随着坡度及流量的变化。结果表明，坡度和流量的增大进一步促进了上坡耕作侵蚀对水蚀的作用。主要原因在于：第一，流量增大相应增加了径流深，也增加了流速，增强了侵蚀力。研究结果表明，耕作 32 年时，将单宽流量与降雨强度折算后，汇水区坡面平均径流深从降雨强度 30mm·h^{-1} 的 1.07cm 增大到 60mm·h^{-1} 的 1.60cm，平均流速由 30mm·h^{-1} 的 20.94m·min^{-1} 增大到 60mm·h^{-1} 的 26.96m·min^{-1}，相应的产沙量由 30mm·h^{-1} 的 2766g 增大到 60mm·h^{-1} 的 7118g。这些研究结果进一步证实了已有研究结论，即坡面产沙随降雨强度的增大而增大[178, 180]。第二，坡度角的增大相应增加了坡面流速，即坡面平均流速从 5°的 20.55m·min^{-1} 增加到 15°的 33.76m·min^{-1}，从而增大径流侵蚀力；同时坡度的增大也降低了坡面土壤的稳定性。第三，试验中也发现，随坡度角的增大，土壤入渗相应减小，径流量增大，即坡面累计产流量从而 5°的 266L 增加到 15°的 718L，坡面累计产沙量由 5°的 512g 增加到 15°的 13041g。因此，研究结果表明，在试验坡度角范围，坡度角的增大显著增大了坡面产沙率和累计产沙量，与已有的坡面研究结果一致，即在一定坡度角范围内，土壤侵蚀产沙随坡度角的增大而增大[181-183]。这揭示了降雨强度和坡度角的增大会促进坡面产沙，从而进一步增强了耕作侵蚀对水蚀的加剧作用。

二、耕作侵蚀作用下坡面产沙率与产流率的关系

(一)不同耕作侵蚀强度下坡面产沙率与产流率的关系

已有的研究表明,坡面产沙率和产流率之间存在一定相关性,这种相关性可以判定坡面土壤可蚀性[184]。不同耕作年限下坡面产流率和产沙率的回归关系如图 5.16 所示。耕作年限为 11 年、22 年和 32 年的坡面产沙率和产流率之间均呈幂函数关系,函数关系式分别是 $y=13.014x^{0.8346}$、$y=10.42x^{1.119}$、$y=9.1245x^{1.0771}$[图 5.16(a)(b)(c)],说明产沙率随着产流率增加而显著增大。而耕作年限为 38 年时,坡面产沙率和产流率之间呈二次函数关系($y=-2.5401x^2+91.275x-461.97$)[图 5.16(d)]。耕作年限为 43 年时,在产流开始后的 10min 内,产沙率与产流率之间呈线性增加关系,而产流 10min 后,产沙率与产流率之间没有显著相关关系。耕作年限为 38 年比耕作年限为 11 年、22 年和 32 年时,产沙率随产流率变化更显著:但耕作年限为 43 年时,产沙率随产流率变化呈先增加后减少的趋势,这主要是由于上坡母岩裸露造成产沙率随产流呈现不连续增加,即先增加后减小。表 5.6 显示不同耕作年限下累计产沙量和累计产流量间呈显著线性关系,除耕作年限为 22 年呈现较大异常外,线性函数的斜率基本随耕作强度增加而增大,说明耕作强度越大,产沙量随产流量的变化越显著,即耕作侵蚀越强,径流对土壤输沙作用越明显。

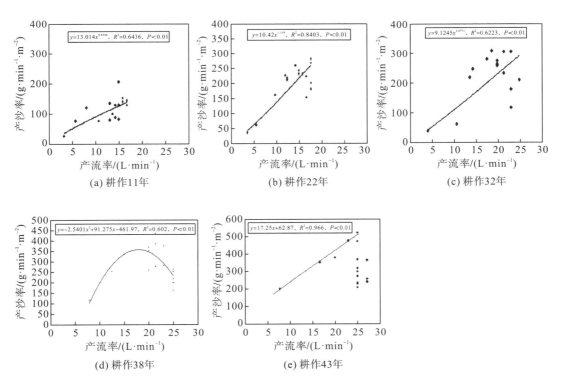

图 5.16　不同耕作年限下坡面产流率和产沙率的关系

表 5.6　不耕作年限下累计产流量和累计产沙量间相关关系

耕作年限/年	函数表达式	R^2	P	n
43	$y=13.45x+1079$	0.987	<0.01	16
38	$y=13.38x+637.5$	0.981	<0.01	16
32	$y=12.79x+139.4$	0.988	<0.01	16
22	$y=15.04x+107.3$	0.994	<0.01	16
11	$y=8.518x+137.9$	0.994	<0.01	16

（二）不同流量下坡面产沙率与产流率的关系

图 5.17 显示，耕作年限为 32 年和单宽流量为 $5L \cdot min^{-1} \cdot m^{-1}$ 时，坡面产沙率与产流率呈现显著指数函数关系：$Y=e^{502.11-0.179x}$，$R^2=1.56$，$N=15$，$P<0.05$，产沙率随着流量增大而减小；单宽流量为 $7.5L \cdot min^{-1} \cdot m^{-1}$ 时二者不相关；单宽流量为 $10L \cdot min^{-1} \cdot m^{-1}$ 时呈显著指数函数相关关系：$Y=e^{41.2+0.086x}$，$R^2=1.56$，$N=15$，$P<0.01$，产沙率随产流率增大而增大。以上结果表明，流量增大导致产沙率显著增大。

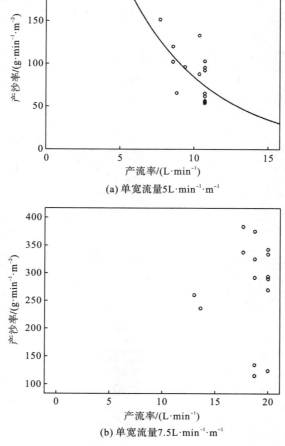

(a) 单宽流量5L·min⁻¹·m⁻¹

(b) 单宽流量7.5L·min⁻¹·m⁻¹

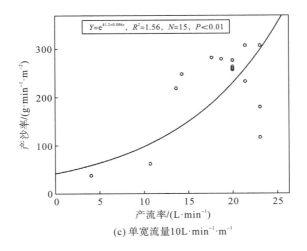

(c) 单宽流量10L·min⁻¹·m⁻¹

图 5.17　耕作 32 年不同单宽流量下产沙率与产流率关系

（三）不同坡度角下坡面产沙率与产流率的关系

图 5.18 是不同坡度角下坡面产沙率和产流率之间的相关性。结果显示，5°小区坡面产沙率随产流率增大而增大，呈显著（$P<0.01$）的指数相关关系：$y=0.2972e^{0.1973x}$；10°小区的坡面产沙率也随产流率增大而增大，呈现显著（$P<0.01$）的幂函数相关关系：$y=1.1721x^{1.6538}$，但是，15°小区坡面产沙率随产流率的增大呈现先增大后减小趋势，没有相关性。以上结果表明，耕作年限为 32 年时，缓坡（5°和 10°）坡面的产沙率随产流率的增大而增大，并呈现一定函数关系，陡坡（15°）坡面产沙率随产流率的增大而呈现先增大后减小趋势，但没有一定的函数相关性，即坡度角的增大弱化了产沙率与产流率的相关性。

已有研究表明，坡面侵蚀产沙与产流间呈现一定线性相关关系[180, 185]。在试验中，耕作 11 年、22 年和 32 年时，坡面产流率和产沙率均呈现幂函数关系，而耕作 38 年呈现二次函数关系，耕作 43 年没有相关关系，这主要是强烈耕作侵蚀导致上坡土层较薄或者母岩裸露，入渗减少，产流增大，径流直接以股流汇入下坡，增大了水流挟沙能力，但是汇入下坡的径流并未达到超渗产流即开始流出小区而产沙，因此，产流开始阶段径流的水流

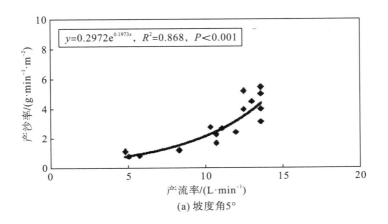

(a) 坡度角5°

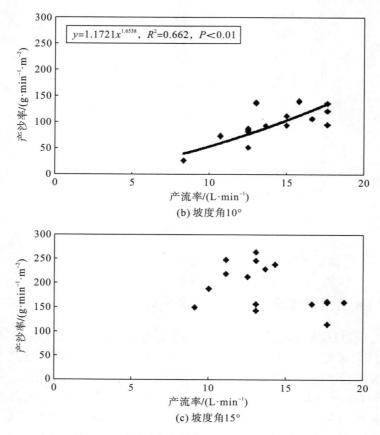

图 5.18 不同坡度角下的产沙率与产流率关系

挟沙能力逐步增强，但是随着产流逐步达到稳定，径流输沙能力达到一定值后，径流分离土壤的速率相应降低，径流含沙量显著削弱土壤分离速率[180,186-188]。在试验中也发现，细沟侵蚀在产流后第 5min 即发生，在随后的细沟侵蚀中，因土壤黏粒含量高(56%)，土壤抗蚀性差，细沟两侧极易发生塌陷，从而导致产沙呈现出明显异常增大或减小。各耕作强度的累计产沙量和产流量均呈现显著的线性相关关系，随着耕作强度的增大，产沙量随产流量变化趋势越来越剧烈，表明径流的输沙能力更加明显，这主要是由于强烈耕作导致上坡土层变薄后，土壤入渗减少，径流量增大，加剧了坡面输沙能力，从而增大了产沙量，这也进一步说明耕作侵蚀增强了坡面侵蚀产沙。由不同坡度角的产沙率和产流率关系发现，缓坡(5°和 10°)的水沙表现出协同增大关系，而陡坡(15°)没有相关关系，主要是由于坡度角增大，加大了径流量和径流剪切力，初始产沙增大，随着细沟的发育，细沟两侧的土壤塌陷，改变了水沙关系。

三、耕作侵蚀对坡面水动力参数的影响

  表 5.7 是不同耕作年限下径流小区不同景观位置坡面平均流速、平均径流深、径流剪切力变化特征。结果显示，相同耕作年限下坡面不同位置平均流速存在差异，耕作年限为

38 年、32 年、22 年、11 年的上坡位(0~4m)的平均流速明显小于下坡位(8~10m)的流速($P<0.05$),且中坡位(4~8m)的流速也明显低于下坡位(8~10m)流速($P<0.05$)。耕作年限为 38 年、22 年、11 年时上坡位(0~4m)流速与中坡位流速(4~8m)之间均无明显差异($P>0.05$),而耕作年限为 43 年上坡位(0~4m)流速明显大于中坡位(4~8m)流速($P<0.05$),并且中坡位(4~8m)流速也明显大于下坡位(8~10m)流速($P<0.05$);耕作年限为 32 年时,上坡位(0~4m)流速则明显小于中坡位(4~8m)流速($P<0.05$)。尽管不同耕作年限下坡面平均流速无明显差异($P>0.05$),但是总体上坡面流速随着耕作年限的增加而增大。说明耕作年限导致了坡面不同景观位置流速发生了显著差异,并且使得坡面平均流速整体上随着耕作年限的增加而增大。除了耕作年限为 43 年的平均径流深比耕作年限为 38 年的径流深小及耕作 11 年略大于 22 年外,坡面平均径流深整体上随着耕作年限的增加而增大;另外,不同耕作年限条件下的径流剪切力也呈现出与平均径流深相似的变化趋势。以上结果表明坡面耕作年限的增加不仅增大了坡面流速、径流深,也增大了坡面径流剪切力。

表 5.7 不同耕作年限下坡面水动力参数

耕作年限/年	坡位/m	平均流速/(m·min⁻¹)	平均径流深/cm	径流剪切力/Pa
43	0~4	57.92±10.55a	1.3	22.12
	4~8	33.84±7.37b	2.0	34.03
	8~10	21.13±2.67c	2.3	39.13
	平均值	37.63A	1.87±0.51A	31.76±8.73AC
38	0~4	26.27±2.75a	1.46	24.89
	4~8	26.15±1.68a	2.24	38.05
	8~10	32.29±4.46b	2.60	44.29
	平均值	29.22A	2.10±0.58A	35.74±9.90AB
32	0~4	17.76±2.90a	1.44	24.56
	4~8	27.07±1.86b	1.63	27.79
	8~10	36.05±3.12c	1.72	29.26
	平均值	26.96A	1.60±0.14A	27.20±2.40AC
22	0~4	22.31±1.84a	1.23	20.98
	4~8	27.58±2.43a	1.57	26.65
	8~10	38.28±10.26b	1.57	26.65
	平均值	29.39A	1.46±0.19A	24.76±3.27AC
11	0~4	20.26±2.04a	1.63	10.78
	4~8	21.62±3.31a	1.32	22.51
	8~10	30.11±2.70b	1.50	25.52
	平均值	24.00A	1.48±0.16A	19.60±7.79C

注: 坡度角为 10°,单宽流量为 10L·min⁻¹·m⁻¹,多重比较结果(LSD,$P<0.05$),不同小写字母表示同一耕作年限不同坡位存在显著差异;不同大写字母表示不同耕作年限坡面存在显著差异。

表 5.8 是耕作年限为 32 年时，坡度角为 10°径流小区内不同单宽流量的坡面水力学参数。结果显示，当单宽流量为 7.5L·min⁻¹·m⁻¹ 时，其流速比 10L·min⁻¹·m⁻¹ 时的流速稍大 (8.49%)，而单宽流量为 7.5L·min⁻¹·m⁻¹ 和 10L·min⁻¹·m⁻¹ 时的流速比 5L·min⁻¹·m⁻¹ 时的流速分别大 39.68% 和 28.75%。不同单宽流量的径流深变化趋势为 10L·min⁻¹·m⁻¹ (1.60cm) > 7.5L·min⁻¹·m⁻¹ (1.45cm) > 5L·min⁻¹·m⁻¹ (1.07cm)，而不同流量的径流剪切力也呈现相同变化趋势：10L·min⁻¹·m⁻¹ (27.20Pa) > 7.5L·min⁻¹·m⁻¹ (24.57Pa) > 5L·min⁻¹·m⁻¹ (18.11Pa)，10L·min⁻¹·m⁻¹ 的径流剪切力 (27.20Pa) 比 5L·min⁻¹·m⁻¹ 的径流剪切力 (18.11Pa) 大 50.19%。以上结果说明在耕作侵蚀作用下，单宽流量的增大会增大流速、径流深和径流剪切力。

表 5.8　不同单宽流量下的坡面水动力参数

单宽流量/(L·min⁻¹·m⁻¹)	坡位/m	流速/(m·min⁻¹)	径流深/cm	径流剪切力/Pa
10	0~4	17.76	1.44	24.56
	4~8	27.08	1.63	27.79
	8~10	36.05	1.72	29.26
	平均值	26.96±9.15	1.60±0.14	27.20±2.40
7.5	0~4	26.02	1.37	23.25
	4~8	24.48	1.40	23.82
	8~10	37.26	1.57	26.65
	平均值	29.25±6.98	1.45±0.11	24.57±1.82
5	0~4	14.41	0.46	7.77
	4~8	20.15	1.16	19.68
	8~10	28.26	1.58	26.88
	平均值	20.94±6.96	1.07±0.57	18.11±9.65

表 5.9 是耕作年限为 32 年，单宽流量为 10L·min⁻¹·m⁻¹ 时，分别在 15°、10°、5°径流小区内进行冲刷试验的坡面水力学参数。结果显示，15°径流小区的坡面流速分别比 10°和 5°径流小区上流速大 25.22%、64.28%。显然在耕作侵蚀作用下，径流流速随坡度的增大而增加；不同坡度角的径流深呈现出的变化规律为 15° (1.95cm) > 10° (1.60cm) > 5° (1.18cm)；径流剪切力呈现变化趋势为 15° (49.46Pa) > 10° (27.20Pa) > 5° (20.11Pa)，以上结果表明在耕作侵蚀作用下，陡坡显然增大了坡面流速和径流深，同时增大了坡面径流剪切力。

表 5.9　不同坡度角下的坡面水动力参数

坡度角/(°)	坡位/m	流速/(m·min⁻¹)	径流深/cm	径流剪切力/Pa
15	0~4	31.98	1.49	37.71
	4~8	29.49	1.85	47.01
	8~10	39.81	2.51	63.66
	平均值	33.76	1.95	49.46
10	0~4	17.76	1.44	24.56
	4~8	27.08	1.63	27.79

坡度角/(°)	坡位/m	流速/(m·min⁻¹)	径流深/cm	径流剪切力/Pa
10	8～10	36.05	1.72	29.26
	平均值	26.96	1.60	27.20
5	0～4	13.57	0.58	9.87
	4～8	19.73	1.26	21.38
	8～10	28.35	1.71	29.09
	平均值	20.55	1.18	20.11

坡面流是坡面土壤侵蚀的主要动力，因此，研究耕作侵蚀作用下坡面流的水力学特性有助于揭示耕作侵蚀对坡面土壤侵蚀的影响机理。水力学参数主要以径流流速、径流深、单宽流量、径流剪切力来表征。已有的研究表明，坡面径流流速和径流剪切力是影响坡面径流侵蚀力的主要因素，而径流剪切力是判断坡面土壤侵蚀强弱的主要指标。坡面径流流速主要受到坡度、流量和地表特征的影响。研究表明，坡面径流流速和径流剪切力总体上随耕作强度的增强而增大，表现出与产沙量相同的变化趋势。这主要是因为强烈的耕作导致上坡土层变薄，土壤较少使得入渗减少，反之则增大了径流量，因此，上坡土层变薄使得上坡径流能较快形成股流，径流深和流速均增大，径流剪切力也增大。径流剪切力越大，产沙率也越大[172]。在耕作年限为 32 年，10°径流小区的三个单宽流量下，坡面径流流速随单宽流量的增大而增大，径流深也相应增大，径流剪切力同样随之增大。这个结果与无耕作侵蚀作用下的流速变化规律一致[172]。在试验坡度下，径流流速随坡度的增大而增大，径流剪切力也随之增大，主要是坡度的增大使得重力在顺坡方向上的分力增大，入渗时间缩短，从而减少入渗量。因此，在相同降雨强度下，坡度的增大相应增大了径流流量[189, 190]，同时也增大了流速。有许多学者也认为坡面入渗与坡度成反比，即产流量随坡度的增大而增大[169]。坡度是坡面土壤侵蚀中影响最大的因子[191, 192]，坡度的侵蚀增强作用是通过增大坡面产流量和流速来实现的[193]，而流量决定径流深，径流深则直接影响径流剪切力。尽管随着坡度的增大，产流量加大、径流剪切力增大、坡面侵蚀产沙量增加[181, 193-195]，但是，当坡度增加到一定值后，侵蚀产沙量也到达最大值，之后不再继续增大而有减小趋势，即存在临界坡度[192, 196-199]，而耕作侵蚀作用是否会改变临界坡度的范围，这有待于进一步研究。以上分析表明，强烈耕作、降雨强度增加和坡度增大引起坡面水力学特征发生变化，增强径流侵蚀力、促进坡面产沙、增强坡面水蚀。

四、结论

（1）上坡不同耕作侵蚀强度的冲刷试验结果显示，坡面产流起始时间变化规律为：耕作 11 年（43min18s）＞耕作 22 年（34min35s）＞耕作 32 年（32min27s）＞耕作 38 年（23min30s）＞耕作 43 年（9min21s）。表明随着耕作年限的增加，初始产流时间不断提前，产流加快，产流量显著增大，这主要是因为随着耕作侵蚀强度的增大，导致上坡土层厚度变薄，从而影响土壤的入渗速率,改变了坡面初始产流时间。在坡面坡度角为10°和降雨强度为60mm·h^{-1}时,在30min产流时间内,不同耕作强度的最大产沙率变化趋势为:耕作11年(203.82g·min^{-1}·m^{-2})＜耕作22年(280.68·g·min^{-1}·m^{-2})＜耕作32年(308.57g·min^{-1}·m^{-2})＜耕作38年(435.73g·min^{-1}·m^{-2})＜耕作43年(522.85g·min^{-1}·m^{-2}),最大产流率也表现出相似的变化规律,同时达到最大产沙率和产流率的时间随耕作强度增强而缩短,表明耕作强度越大,产沙率越大,并且越早达到最大产沙率。不同耕作强度下的平均产沙率和产流率变化规律为:耕作43年＞耕作38年＞耕作32年＞耕作22年＞耕作11年,另外,累计产流量和累计产沙量均随着耕作年限的增加而增大,与对照组相比,平均每增加一次耕作,土壤侵蚀速率增大106kg·hm^{-2}·a^{-1}。以上结果表明,坡面产流量和产沙量均随耕作强度的增强而增大,说明耕作侵蚀的增强促进了坡面产流,增大了坡面产沙,从而加速了坡面水蚀。

(2)在10°小区,模拟耕作32年,将放水流量折算成降雨强度,不同降雨强度下汇流坡面产流起始时间的变化特征为60mm·h^{-1}(32min)＜45mm·h^{-1}(35min)＜30mm·h^{-1}(50min03s),说明降雨强度越大,汇流区产流起始时间越早,即在相同入渗情况下,降雨强度越大,坡面产流越早。不同降雨强度下,平均产流率和平均产沙率均呈现出随降雨强度的增大而增大的规律:60mm·h^{-1}＞45mm·h^{-1}＞30mm·h^{-1},并且60mm·h^{-1}的平均产流率和平均产沙率明显大于30mm·h^{-1}的;产流率和累计产流量总体上呈现出随降雨强度的增大而增大的趋势。以上结果表明,在试验设计的耕作强度下,降雨强度越大,汇流区越容易产流,径流率和产沙量也越大,即降雨强度的增大促进了耕作侵蚀对水蚀的作用。

(3)在3个坡度角下模拟32年耕作,完成冲刷试验,不同坡度产流起始时间变化规律为5°(41min30s)＞10°(32min)＞15°(27min),表现出随坡度增加产流起始时间缩短变化趋势,平均产流率变化规律为5°(8.31L·min^{-1})＜10°(18.51L·min^{-1})＜15°(22.42L·min^{-1}),说明在试验条件下内坡度的增加使得产流起始时间提前,导致坡面土壤入渗减少,径流量增大。不同坡度的平均产沙率变化规律为5°小区的平均产沙率(16.01g·min^{-1}·m^{-2})明显低于10°和15°的产沙率(222.44g·min^{-1}·m^{-2}和407.54g·min^{-1}·m^{-2})($P<0.05$),10°小区的产沙率也明显低于15°的产沙率($P<0.05$);15°小区的累计产沙量分别是10°小区和5°小区的1.83倍和25.47倍,10°小区的累计产沙量是5°小区的13.9倍。另外,15°小区的累计产流量分别是10°小区和5°小区的1.21倍和2.7倍,10°小区是5°小区的2.23倍。以上结果表明,耕作侵蚀作用下,坡面产流率随坡度的增大而增大,同时增大坡面产沙率,即坡度的增大增强了耕作侵蚀对坡面水蚀的作用。

(4)不同耕作年限坡面径流率和产沙率呈现出不同相关关系,耕作年限为11年、22年、32年的坡面产沙率和产流率之间均呈现幂函数关系,函数关系式分别是$y=13.014x^{0.8346}$、$y=10.42x^{1.119}$、$y=9.1245x^{1.0771}$,耕作38年为二次函数关系,但是耕作43年时,坡面产沙率和产流率之间无相关关系,说明耕作38年比耕作11年、22年和32年产沙率随产流率变化剧烈。但是耕作43年时,产沙率随产流率变化呈现先增加后减少趋势,这主要是上坡母岩裸露,造成产沙率与径流量无相关关系。累计产沙量和累计产流量间呈现显著线性增加关系,线性函数的斜率基本随耕作强度增加而增加,说明耕作强度越大,产沙量随产流量线性变化越显著,即耕作侵蚀越强,径流对土壤产沙作用越明显。耕作32年时,不同降雨强度下的坡面产沙率与产流率存在不同的相关关系,低强度的耕作侵蚀(11年耕作、22 年耕作和 32 年耕作)导致上坡土层轻微变薄，使得坡面土壤传输率与产流率在各降雨强度下均有显著的相关关系，43 年和 38 年的强烈耕作导致上坡土层显著变薄(0cm 或者 5cm)表现出较弱的相关关系，即强烈耕作弱化了坡面产沙率随产流变化的相关关系。不同坡度坡面产沙率和产流率间的相关关系结果显示，耕作 32 年时，缓坡坡面的产沙率随产流率的增大而增大，并呈现出一定的函数关系，陡坡坡面产沙率随产流率的增大呈现先增大后减小趋势，但没有一定的函数相关性，即坡度的增大弱化了产沙率与产流率的相关性。

(5) 不同耕作年限下对径流小区坡面平均流速、径流深、径流剪切力的实验结果显示，坡面流速变化规律为：耕作 43 年 (37.63m·min^{-1}) ＞ 耕作 38 年 (29.22m·min^{-1}) ＞ 耕作 22 年 (29.39m·min^{-1}) ＞ 耕作 32 年 (26.96m·min^{-1}) ＞ 耕作 11 年 (24.00m·min^{-1})，即流速整体上随着耕作年限的增加而增大，不同耕作年限的径流剪切力也呈现出随着耕作年限的增加而增大的变化规律，表明坡面耕作年限的增加增大了坡面流速和坡面径流剪切力。不同降雨强度的径流剪切力变化趋势为：60mm·h^{-1}(27.20Pa) ＞ 45mm·h^{-1}(24.57Pa) ＞ 30mm·h^{-1} (18.11Pa)，径流深表现出随降雨强度减小而减小的相同变化趋势，说明在耕作侵蚀作用下，降雨强度的增大相应增大流速、径流深和径流剪切力。不同坡度的径流流速和径流深均随坡度的增大而增大，径流剪切力也呈现出与径流流速相同的变化趋势：15°(49.46Pa) ＞ 10°(27.20Pa) ＞ 5°(20.11Pa)，以上结果表明在耕作侵蚀作用下，坡度显然增大了坡面流速和径流深，同时也增大了坡面径流剪切力，揭示了坡度和降雨强度的增大通过增大坡面流速和径流剪切力进一步促进了坡面土壤侵蚀作用。

第三节　沉积区耕作位移对坡面水蚀的影响

水蚀作为坡耕地主要侵蚀类型，主要发生在下坡位置，因此，水蚀沟地貌主要形成于坡面下部。为了消除水蚀沟对农业生产的影响，根据水蚀沟的大小采用不同土地整理措施，在东北地区，因水蚀沟较大，土地较平整，通常采用谷坊等工程措施和植物篱等生物措施进行治理。而在坡耕地分布较广的西南山区，地块较小，当形成的水蚀沟较小时，农民可以通过耕作进行平复。水蚀沟区域的耕作，会将原有的水蚀沟(细沟)完全破坏(平复)掉，势必在水蚀沟区形成不同的土壤物理特征，当降雨或者径流再次作用于土壤表面时，会产生不同的产流产沙特征和水力学特征，需要对侵蚀量进行重新计算和评估。

为了研究耕作侵蚀坡面上沉积区耕作位移对坡面水蚀的影响，在径流小区下坡模拟水蚀沟(细沟)，采用冲刷试验模拟坡面片蚀作用，分析水蚀沟在进行不同程度(不同位移量)耕作平复时，对坡面产流产沙和水力学参数的影响。该试验分别在 5°小区、10°小区、15°小区进行，在每个坡面上，均模拟设置宽 0.30m、深 0.30m 的水蚀沟，然后进行不填充、半沟填充和满沟填充三种处理，单宽流量设计为 10L·min^{-1}·m^{-1}。

一、耕作位移对坡面产流产沙的影响

(一)不同耕作位移量的坡面产流产沙变化特征

在 10°径流小区内,采用冲刷试验模拟坡耕地水蚀沟不同填土量处理条件下坡面产流和产沙变化特征,探明下坡不同耕作位移量对水蚀的影响机制。图 5.19 是不同耕作位移量下产流率随时间变化趋势,结果表明,不同耕作位移量坡面起始产流时间变化趋势为 21kg·m⁻¹(35min15s)＞12kg·m⁻¹(28min31s)＞0kg·m⁻¹(21min28s),表明坡面土壤位移量与产流初始时间紧密相关,随着耕作位移量增加,径流初始产流时间更长。从产流率随时间的变化趋势看,所有耕作位移量下产流率均表现出阶梯式逐步增大,最后达到稳定产流状态。0kg·m⁻¹ 耕作位移量时(水蚀沟不填充),产流后第 0～10min,径流呈阶梯式增加,在第 10min 达到稳定产流,产流率最大值为 17.65L·min⁻¹。12kg·m⁻¹ 耕作位移量时(水蚀沟半沟填充),产流后第 0～26min,产流率呈阶梯状增大,并在第 26min 后达到最大值(17.65L·min⁻¹),并趋于稳定。21kg·m⁻¹ 耕作位移量时(满沟填充),产流后,产流率基本呈现阶梯状增加趋势,并于第 20min 达到最大值(15L·min⁻¹),稳定一段时间逐步减小。从产流率变化趋势看,耕作位移量越大,其达到最大产流量的时间越晚,产流率最大值则是随着耕作位移量的增大而减小。结果表明,水蚀沟耕作位移量增大导致径流初始产流时间延长,最大产流率减小。

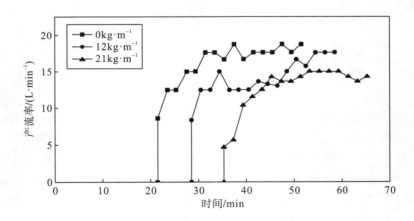

图 5.19　不同耕作位移量下坡面产流率随时间变化

图 5.20 是不同耕作位移量下土壤产沙率随时间的变化特征,结果显示不同耕作位移量的土壤产沙率随时间变化趋势基本与产流率变化一致。0kg·m⁻¹ 耕作位移量(水蚀沟不填充),产沙率在第 0～12min,基本呈现直线增加趋势,在第 12min 达到最大值(88.01g·min⁻¹·m⁻²),随后逐步减小并基本达到稳定;12kg·m⁻¹ 和 21kg·m⁻¹ 耕作位移量(半沟填充和满沟填充),产沙率逐步增大,起伏较大,最大产沙率分别为 139.5g·min⁻¹·m⁻² 和 145.01g·min⁻¹·m⁻²。显然,12kg·m⁻¹ 和 21kg·m⁻¹ 耕作位移量的最大产沙率大于 0。结果表明,水蚀沟耕作位移量增大,最大产沙率也相应增大。

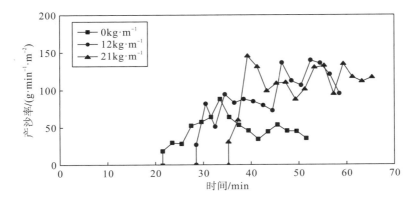

图 5.20　不同耕作位移量下坡面产沙率随时间变化

图 5.21 和图 5.22 是不同耕作位移量下坡面累计产沙量和累计产流量随时间变化情况。结果表明，所有耕作位移量的坡面累计产沙量和累计产流量均随时间增加而增大。表 5.10 显示，不同耕作位移量下平均产流率变化规律为：$21kg \cdot m^{-1}$（$12.67L \cdot min^{-1}$）＜$12kg \cdot m^{-1}$（$13.98L \cdot min^{-1}$）＜$0kg \cdot m^{-1}$（$17.77L \cdot min^{-1}$），$0kg \cdot m^{-1}$ 耕作位移量的平均产流率明显大于 $21kg \cdot m^{-1}$ 和 $12kg \cdot m^{-1}$ 的平均产流率（$P<0.05$），而 $21kg \cdot m^{-1}$ 和 $12kg \cdot m^{-1}$ 耕作位移量的产流率之间没有明显差异（$P>0.05$）。但是平均产沙率的变化则呈现相反变化趋势：$21kg \cdot m^{-1}$（$106.75g \cdot min^{-1} \cdot m^{-2}$）＞$12kg \cdot m^{-1}$（$95.15g \cdot min^{-1} \cdot m^{-2}$）＞$0kg \cdot m^{-1}$（$47.29g \cdot min^{-1} \cdot m^{-2}$），$0kg \cdot m^{-1}$ 耕作位移量的平均产沙率明显小于 $21kg \cdot m^{-1}$ 和 $12kg \cdot m^{-1}$ 的平均产沙率（$P<0.05$），而 $21kg \cdot m^{-1}$ 和 $12kg \cdot m^{-1}$ 耕作位移量的平均产沙率之间没有明显差异（$P>0.05$）。另外，累计产流量随耕作位移量的增加而减小，而累计产沙量则随着耕作位移量的增加而增大；与全沟填充相比，耕作半沟填充土壤侵蚀产沙增大 $766kg \cdot hm^{-2}$，耕作全沟填充土壤侵蚀产沙增大 $951.5kg \cdot hm^{-2}$。这些结果表明，产流率和产流量随着耕作位移量的增大而减小，而产沙率和产沙量则随着耕作位移量的增大而增大，说明耕作位移量增大，促进了坡面径流入渗而减小产流，但是耕作位移量的增大促进了坡面产沙，即加速了坡面水蚀。

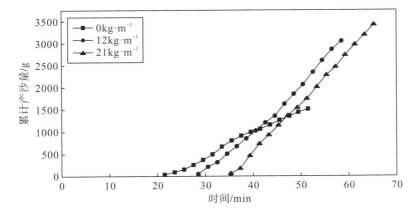

图 5.21　不同耕作位移量下坡面累计产沙量随时间变化

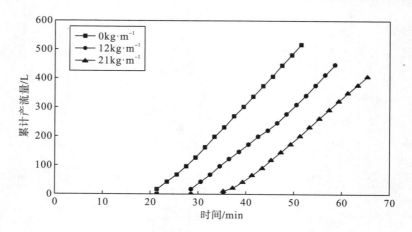

图 5.22   不同耕作位移量下坡面的累计产流量随时间变化

表 5.10   不同耕作位移量下坡面平均产流率和产沙率变化

土壤位移量/ (kg·m^{-1})	径流开始 时间	平均产沙率/ (g·min^{-1}·m^{-2})	平均产流率/ (L·min^{-1})	累计产沙量/ g	累计产流量/ L
0	21min28s	47.29±16.82a	17.77±2.84A	1513	518
12	28min31s	95.15±30.52b	13.98±2.68B	3045	447
21	35min15s	106.75±29.41b	12.67±3.21B	3416	406

注：不同小写字母表示不同耕作位移的产沙率存在显著差异；不同大写字母表示不同耕作位移的平均产流率存在显著差异。

　　细沟由坡面径流形成，经爬犁能够平复，不留下痕迹的小沟槽，一般宽为 5～20cm，深为 2～15cm[190]。已有的研究表明，水蚀沟通常在坡面 6～8m 处形成[200]，本书研究通过在径流小区下坡部位模拟细沟，在细沟内填充不同量的土壤，以模拟细沟平复时的不同土壤位移量，结果表明，在相同坡度和流量下，坡面开始产流的时间随着耕作位移量的增加而延后，并且达到最大产流率的时间也表现出相同的变化规律；坡面平均产沙率和累计产沙量均随耕作位移量的增大而增大，坡面平均产流率和累计产流量则随耕作位移量的增大而减小。主要原因如下：第一，填入沟内的土壤比其两侧的更疏松，耕作位移量越大，填入的疏松土壤也越多，导致入渗量增大、入渗时间延长，因此开始产流时间随之延后；第二，填入沟内土壤越多，入渗量增大，产流相应减小，因此，随着耕作位移量增大坡面产流量反而减小；第三，尽管耕作位移量增大导致坡面产流量减小，但是耕作位移量越大，细沟内的疏松土壤越多，坡面径流汇集于中下坡，径流在中下坡带走的疏松土壤也越多，径流带出小区的泥沙量越大，因此，细沟耕作位移为坡面水蚀输送更多的物质，从而增大了坡面产沙量，这进一步证实了早前紫色土区的研究结果[32]，已有的研究也表明耕作侵蚀能为水蚀提供物源[59, 201]；第四，因为细沟平复耕作活动，细沟内土壤比其两侧更疏松，更容易遭受径流的冲刷，同时，沟内土壤高度比其两侧更低，便于径流在此汇集，从而带走大量土壤。在本书试验中也发现，对于 21kg·m^{-1}（满沟填充）和 12kg·m^{-1}（半沟填充）耕作位移量，径流自然沿着原有沟道路径流出小区。尽管在坡耕地上形成的细沟在农业生产中通过耕作活动进行平复后并不会对农作物种植直接产生影响，但是细沟耕作平复后，降水形成的径流通常会沿着原有沟道流动[202]，填土越多疏松的土壤物源越多，径流带走土壤也更多。因此，下坡填沟平复耕作引起的不同土壤位移量为坡面水蚀提供物源，增大了坡面产沙，揭示了下坡填沟耕作加速坡面土壤侵蚀。

(二)坡度对坡面产流产沙的影响

图 5.23 是耕作位移量为 21kg·m^{-1}、单宽流量为 10L·min^{-1}·m^{-1} 时不同坡度角下的产流率变化情况。结果表明，三个坡度初始产流时间变化规律为：5°(42min42s) > 10°(35min15s) > 15°(31min18s)，表现出起始产流时间随坡度角增大而减小；15°小区的产流率在 0～24min 时间内呈现阶梯式增大，第 24min 以后，基本保持稳定不变，最大值为18.75L·min^{-1}；10°小区的产流率在 0～24min 随着时间增大而呈现阶梯式增大，第 26min以后基本保持稳定不变，最大值为 17.65L·min^{-1}；5°小区的产流率在 0～24min 呈阶梯式增大趋势，第 24min 以后，基本保持稳定不变，最大值为 13.64L·min^{-1}。结果表明，产流率最大值随坡度增大而增大，5°小区分别比 10°小区和 15°小区低 23%和 27%。

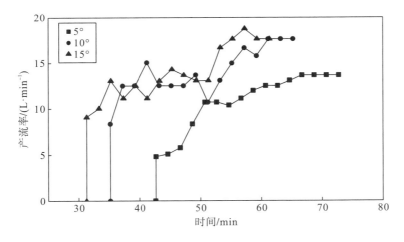

图 5.23 不同坡度角下的坡面产流率随时间变化

图 5.24 显示，15°小区的产沙率在第 0～4min 内明显增大，第 4min 后呈波动式减小趋势，最大值为 263.91g·min^{-1}·m^{-2}；10°小区的产沙率在第 0～24min 内呈现波动式增大趋势，第 24min 以后基本呈下降趋势，最大值为 139.50g·min^{-1}·m^{-2}；而 5°小区则与 10°小区、15°小区明显不同，产沙率达到最大值 5.45g·min^{-1}·m^{-2} 后基本保持稳定。图 5.25 和图 5.26显示，累计产流量和产沙量均表现出随产流时间的增大而增大的变化规律。以上结果表明，水蚀沟进行半沟填充时，缓坡(5°)产沙率比陡坡(10°和 15°)更加容易达到稳定，并且最大值也明显低于其余两个坡度角；而缓坡(5°)的产沙率在试验时间内能达到稳定值，但陡坡(10°和 15°)的产沙率表现出较明显的波动，试验时间内未到达稳定。

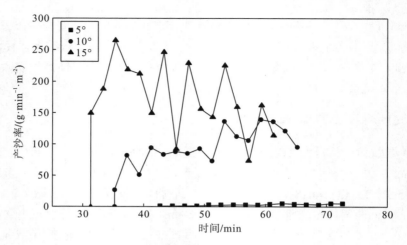

图 5.24　不同坡度角下的坡面产沙率随时间变化

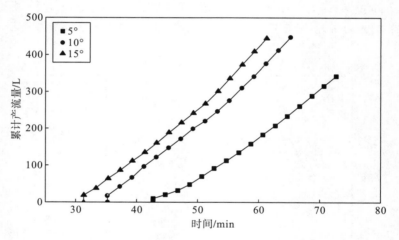

图 5.25　不同坡度角下的坡面累计产流量随时间变化

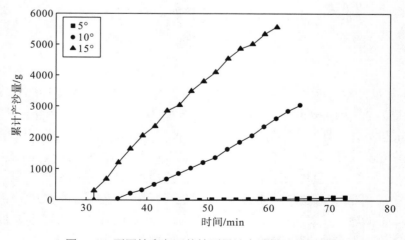

图 5.26　不同坡度角下的坡面累计产沙量随时间变化

　　表 5.11 显示，耕作位移量为 12kg·m⁻¹ 时，5°小区的平均产沙率为 3.92g·min⁻¹·m⁻²，明显低于 10°小区和 15°小区的产沙率（95.15g·min⁻¹·m⁻²，173.69g·min⁻¹·m⁻²）（$P<0.05$），10°小区的产沙率也明显低于 15°小区的产沙率（$P<0.05$）；15°小区的累计产沙量分别是 10°小区和 5°小区的 1.83 倍和 37.30 倍，10°小区的累计产沙量是 5°小区的 20.44 倍。不同坡度角下的产流率也表现出与产沙率相似的变化趋势，5°小区的平均产流率为 12.29L·min⁻¹，明显低于 10°小区和 15°小区的平均产流率（13.98L·min⁻¹、17.67L·min⁻¹）（$P<0.05$），而 10°小区的平均产流率低于 15°小区，但是没有明显差异；5°小区的累计产流量仅为 15°小区和 10°小区的 77%。另外，水蚀沟的其他耕作处理（即未填充和满沟填充）产流产沙均表现出与半沟填充相似的坡度角变化趋势。以上结果表明，在水蚀沟进行耕作填土时，坡度角的增大缩短了起始产流时间，坡面产流率随坡度的增大而增大，坡面产沙率和产沙总量也随坡度角增大而增大，即坡度角的增大增强了耕作位移量对坡面水蚀的作用。

表 5.11　不同坡度角下的填沟耕作的坡面产流产沙变化

耕作位移量/ (kg·m⁻¹)	坡度角/ (°)	起始产流 时间	平均产沙率/ (g·min⁻¹·m⁻²)	平均产流率/ (L·min⁻¹)	累计产沙量/ g	累计产流量/ L
	5	32min42s	4.28±1.68a	14.52±3.05A	94	417
0	10	21min28s	47.29±16.82b	16.19±2.84B	1513	518
	15	20min10s	220.56±75.26c	18.68±4.81B	6007	489
	5	35min40s	3.92±1.60a	12.29±3.10A	149	343
12	10	28min31s	95.15±30.52b	13.98±2.68B	3045	447
	15	25min16s	173.69±55.23c	17.67±2.97B	5558	445
	5	42min42s	24.57±9.36a	8.53±1.59A	644	248
21	10	35min15s	106.75±29.41b	12.67±3.21B	3416	406
	15	31min18s	277.05±106.57c	16.31±4.95B	7188	404

注：不同小写字母表示不同坡度的平均产沙率存在显著差异；不同大写字母表示不同坡度的平均产流率存在显著差异。

　　坡度角是坡面土壤侵蚀的主要影响因素，在相同降雨强度下，坡度角不同，形成的径流量不同，坡面产沙量差异也较大。本书研究在相同耕作位移量下，在不同坡度角下进行了相同流量的冲刷试验，结果表明，开始产流时间随坡度增加而缩短，平均产流率和产沙率表现出随坡度角增大而增大的趋势，累计产流量和产沙量也表现出相同的变化规律，这主要是因为，坡度角增加相应增大了坡面重力分力，导致坡面径流入渗时间缩短，入渗量减小，增大了坡面产流量和产沙量。坡面土壤侵蚀相关研究也表明，在一定坡度范围内，土壤侵蚀量随坡度角增大而增大。因此，坡度角的增大进一步促进了细沟耕作位移对坡面水蚀的作用。

二、坡面产沙率与产流率的关系

　　在 10°小区，下坡水蚀沟不同耕作位移量坡面产沙率和产流率的相关函数关系见表 5.12。

下坡耕作位移量为 0、12kg·m^{-1} 和 21kg·m^{-1} 的坡面产沙率和产流率之间均呈现 S 形函数关系（$P<0.01$），函数关系分别是 $y=\exp(4.89-16.96^x)$，$y=\exp(6.09-21.52^x)$ 和 $y=\exp(3.00-46.72^x)$。表 5.12 结果显示，在 5°小区，耕作位移量为 0 时，坡面产沙率和产流率表现出三次函数关系；耕作位移量为 12kg·m^{-1} 和 21kg·m^{-1} 时，坡面产沙率和产流率均呈幂函数关系。在 15°小区，0 耕作位移量时，坡面产沙率和产流率呈 S 形函数关系；21kg·m^{-1} 耕作位移量时，坡面产沙率和产流率呈幂函数关系；12kg·m^{-1} 耕作位移量时，坡面产沙率和产流率之间无相关关系。以上结果说明，在耕作位移量为 12kg·m^{-1} 时，除 15°小区坡面产沙率与产流率无相关关系外，其他耕作位移量的坡面产沙率与产流率之间均存在一定函数关系，并且产沙率随产流率的增加而显著增大。

表 5.12 不同耕作位移量下产沙率与产流率相关关系

耕作位移量/(kg·m^{-1})	坡度角/(°)	函数关系	R^2	P	n
	5	$y=-0.5+0.16x^2-0.01x^3$	0.58	<0.01	16
0	10	$y=\exp(4.89-16.96^x)$	0.53	<0.01	16
	15	$y=\exp(6.26-15.09^x)$	0.90	<0.01	16
	5	$y=0.05x^{1.66}$	0.82	<0.01	16
12	10	$y=\exp(6.09-21.52^x)$	0.72	<0.01	16
	15	无相关性	—	—	—
	5	$y=0.04x^{3.01}$	0.89	<0.01	16
21	10	$y=\exp(3.00-46.72^x)$	0.73	<0.01	16
	15	$y=5.05x^{1.47}$	0.90	<0.01	16

坡面径流是坡面土壤侵蚀的主要动力，坡面产流与坡面产沙相关关系能说明坡面径流作用对坡面产沙的作用机制。在不同耕作位移量下完成相同坡度角和相同流量的试验，结果表明，不同耕作位移量下，水沙间存在明显的 S 形函数关系，而非一般的线性协同关系[203]，这主要是因为细沟耕作后在坡面形成了土壤剖面特性异质区，导致坡面产流变化；另外，冲刷试验不同于降雨均匀作用于整个坡面，而是自坡顶而下，使得土壤入渗、产流存在一定的滞后现象[204]。这种滞后现象使得坡面起始产流后并非是超渗产流，而是急速在坡面中下坡形成细沟后径流顺沟产流，因此在起始产流后很长一段时间仍然存在较大入渗，导致坡面产流与产沙并非协同增加关系，而是存在复杂的相关关系。在相同耕作位移量下，随坡度角增大，水沙关系更加复杂，而非简单的协同增加关系，这主要是因为一方面细沟耕作位移增大坡面土壤特性的异质化，导致坡面产流差异；另一方面坡度角增大使得坡面径流形成细沟侵蚀后，由于燥红土黏粒含量高，抗蚀性差，极易在沟蚀区产生塌陷，使得水沙关系复杂化。

三、耕作位移对坡面水动力参数的影响

表 5.13 是不同耕作位移量下径流小区不同景观位置坡面径流流速、平均径流深、径

流剪切力变化特征。结果显示，相同耕作位移量下坡面不同景观位置的平均流速存在差异，耕作位移量为 12kg·m^{-1} 和 21kg·m^{-1} 时，上坡(0~4m)的径流流速明显小于下坡(8~10m)的流速($P<0.05$)，且中坡(4~8m)的流速也明显小于下坡流速($P<0.05$)；耕作位移量为 0kg·m^{-1} 时，中坡和下坡的径流流速没有明显差异($P>0.05$)，但是明显比上坡的流速大($P<0.05$)。尽管各耕作位移量下平均径流流速没有明显差异($P>0.05$)，但是其平均径流流速整体上呈现出 0(46.55m·min^{-1})>12kg·m^{-1}(43.07m·min^{-1})>21kg·m^{-1}(30.29m·min^{-1})，说明各耕作位移量下，上坡的径流流速明显小于中坡和下坡的，平均径流流速随着耕作位移量的增大而减小。除耕作位移量为 12kg·m^{-1} 时中坡径流深异常变大外，耕作位移量为 0和 21kg·m^{-1} 时，其径流深均表现出从上坡向下坡增大的变化趋势，同样径流剪切力也表现出相似的变化规律。耕作位移量为 12kg·m^{-1} 时，平均径流剪切力最小，而耕作位移量为 0 时，其平均径流剪切力最大。以上结果表明坡面耕作位移量的增大反而减小了坡面径流流速、径流深和径流剪切力。

表 5.13　不同耕作位移量下坡面水动力参数变化特征

耕作位移/(kg·m^{-1})	坡位/m	径流流速/(m·min^{-1})	径流深/cm	径流剪切力/Pa
0	0~4	30.03±2.94a	1.5	25.46
	4~8	51.96±8.13b	1.9	31.93
	8~10	57.67±4.06b	2.2	37.32
	平均值	46.55A	1.87±0.51A	31.56±5.94A
12	0~4	25.51±3.48a	1.2	20.41
	4~8	40.76±5.59b	1.6	27.79
	8~10	62.95±7.04c	1.4	23.82
	平均值	43.07A	1.4±0.2A	24.01±3.68A
21	0~4	22.38±2.35a	1.4	23.82
	4~8	30.36±1.62b	1.7	29.26
	8~10	38.12±3.55c	2.0	34.20
	平均值	30.29A	1.7±0.3A	29.09±5.19A

注：坡度角为 10°，单宽流量为 10L·min^{-1}·m^{-1}，多重比较结果(LSD，$P<0.05$)；不同小写字母表示同一耕作位移不同坡位存在显著差异；不同大写字母表示不同耕作位移坡面存在显著差异。

表 5.14 是耕作位移量为 12kg·m^{-1}，单宽流量为 10L·min^{-1}·m^{-1} 时，15°小区、10°小区、5°小区的坡面水动力学参数特征。结果显示，5°小区的上坡和中坡的流速明显小于下坡流速($P<0.05$)，但是上坡流速与中坡流速没有明显差异；10°小区上坡的径流流速明显小于下坡的流速($P<0.05$)，且中坡的流速也明显小于下坡流速($P<0.05$)；15°小区的上坡的流速明显($P<0.05$)小于中坡和下坡的流速，但是中坡流速与下坡流速没有明显差异。尽管不同坡度角下的平均流速没有明显差异($P>0.05$)，但是 5°小区的平均流速小于 10°小区和 15°小区，说明坡度角的增大导致径流流速相应增大；不同坡度角的径流剪切力呈现出的变化规律为：15°(41.71Pa)>10°(24.01Pa)>5°(14.62Pa)，15°小区的径流剪切力明显大

于 5°小区和 10°小区的（$P<0.05$），而 5°小区和 10°小区间的径流剪切力没有明显差异（$P>0.05$）。以上结果表明，在填沟耕作作用下，陡坡与缓坡相比显然增大了坡面径流流速和径流深，同时增大了坡面径流剪切力。

表 5.14　不同坡度角下的坡面水动力参数变化特征

坡度角/(°)	坡位/m	径流流速/(m·min⁻¹)	径流深/cm	径流剪切力/Pa
5	0~4	23.50±3.87a	1.6	13.39
	4~8	23.80±4.65a	1.7	14.81
	8~10	41.00±6.97b	1.8	15.67
	平均值	29.43±10.02A	1.7±0.1A	14.62±1.15A
10	0~4	25.51±3.48a	1.2	20.41
	4~8	40.76±5.59b	1.6	27.79
	8~10	62.95±7.04c	1.4	23.82
	平均值	43.07±18.83A	1.4±0.2A	24.01±3.68A
15	0~4	28.82±3.46a	1.3	32.13
	4~8	37.38±7.3b	1.8	44.81
	8~10	43.95±6.94b	1.9	48.19
	平均值	36.72±7.59A	1.7±0.3A	41.71±8.47B

注：耕作位移为 12kg·m⁻¹，单宽流量为 10L·min⁻¹·m⁻¹，多重比较结果（LSD，$P<0.05$）；不同小写字母表示同一坡度角下不同坡位存在显著差异；不同大写字母表示不同坡度角下坡面存在显著差异。

第四章研究已经表明坡面径流流速和径流剪切力随着耕作侵蚀强度的增大而增大，坡度角和流量的增大进一步促进了这种增大效应。但是，在本章试验中，坡面径流流速和径流剪切力随细沟耕作位移量的增加而减小。这个结果与已有研究结果[32, 181, 193-195]不一致，这主要是因为，在下坡，细沟耕作的松散土壤在沟内大量堆积，入渗增大，储水量相应增多，径流量明显减小，随之流速减缓，径流深减小，从而导致径流剪切力减小。在相同耕作位移量下，与缓坡相比，陡坡比缓坡具有更大的坡面径流流速和径流剪切力，这是因为坡度角的增大加大了坡面重力作用，从而引起坡面流速加快，入渗时间缩短，入渗量减小，坡面径流量增大。已有研究[197]也表明，坡度角通过增大坡面径流流速和径流量而增大坡面侵蚀。所以，在耕作位移作用下，坡度角的增加进一步加剧了坡面侵蚀。

四、结论

（1）下坡不同耕作位移量的冲刷试验结果显示，坡面起始产流时间变化趋势为：21kg·m⁻¹（35min15s）＞12kg·m⁻¹（28min31s）＞0（21min28s）；坡面平均产流率呈现变化规律为：21kg·m⁻¹（12.67L·min⁻¹）＜12kg·m⁻¹（13.98L·min⁻¹）＜0kg·m⁻¹（17.77L·min⁻¹），而平均产沙率的变化则呈现相反变化趋势：21kg·m⁻¹（106.75g·min⁻¹·m⁻²）＞12kg·m⁻¹（95.15g·min⁻¹·m⁻²）

$>0\text{kg}\cdot\text{m}^{-1}$（$47.29\text{g}\cdot\text{min}^{-1}\cdot\text{m}^{-2}$），与全沟填充相比，耕作半沟填充土壤侵蚀产沙增大766kg·hm^{-2}，耕作全沟填充土壤侵蚀产沙增大951.5kg·hm^{-2}，这些变化趋势表明，耕作位移量的增加减小了坡面产流，但是加剧了坡面水蚀。这主要是由于耕作位移量增加，一方面增大坡面径流入渗，减小了坡面产流；另一方面为坡面土壤侵蚀提供了松散的物源，表明下坡耕作填充细沟，促进坡面产沙，揭示了耕作侵蚀为水蚀提供物质来源的作用。

（2）在一定耕作位移量下，相同流量不同坡度角下的起始产流时间变化规律为：5°（42min42s）＞10°（35min15s）＞15°（31min18s），平均产流率和平均产沙率呈现出 5°＜10°＜15°的变化规律，累计产流量和产沙量随坡度角变化也表现出了相同的变化趋势。表明在一定耕作位移量下，随着坡度角的增大，初始产流时间不断缩短，产流量明显增大，产沙量也增大，这主要归因于坡度角增大，坡面重力分量增大，径流入渗时间减小，从而增大了坡面产流量，促进了坡面产沙，说明坡度角增大进一步促进了耕作侵蚀对坡面水蚀的作用。

（3）在 5°和 10°缓坡，不同耕作位移量的坡面水沙关系分别呈现出幂函数和 S 形函数关系，其差异明显，而在 15°陡坡，不同耕作位移量呈现出不同水沙关系，甚至无相关关系。与已有坡面水沙关系呈现的线性协同增大关系相比，耕作位移显然增大了坡面水沙关系的复杂性，同时坡度角的增大使得这种关系更加复杂化，这也揭示了耕作侵蚀增大坡面水蚀的敏感性。

（4）在 10°坡面，不同耕作位移量的平均流速变化规律为：0（46.55m·min^{-1}）＞12kg·m^{-1}（43.07m·min^{-1}）＞21kg·m^{-1}（30.29m·min^{-1}），耕作平复半沟时的平均径流剪切力比耕作平复全沟大；5°缓坡的平均流速小于 15°陡坡，不同坡度角下的径流剪切力变化趋势为：15°（41.71Pa）＞10°（24.01Pa）＞5°（14.62Pa）。表明耕作位移量增大了径流入渗，减小了坡面流速，增大了径流剪切力，从而增大了坡面径流侵蚀力，促进坡面产沙；而坡度角的增加也增大了坡面水动力学参数，进一步促进了坡面径流侵蚀力，揭示了细沟平复耕作位移对坡面径流流速和径流剪切力的影响机制。

第六章 干旱河谷区坡耕地水蚀对耕作侵蚀的影响

西南干旱河谷区坡耕地面积大，地形陡峭复杂，山丘起伏，沟谷纵横，植被稀疏，土壤抗蚀性差，坡面径流汇集，使得土壤侵蚀严重，特别是金沙江干热河谷区，抗蚀性和抗冲性较差的燥红土和变性土分布广，干湿季分明，降雨集中，坡面径流由高处向低处汇集，带走大量表土，形成浅沟。随着坡长延长，径流流速加大，冲刷力和下切力也增大，浅沟不断加深，沟岸不断坍塌，沟壑向两侧扩展，沟的宽度和深度不断加大，从而形成大的水蚀沟。水蚀沟的形成不但可以带走大量泥沙，增大坡面水土流失，淤塞河流，而且在坡耕地形成大量的水蚀沟，阻碍坡耕地耕作活动，严重影响农业生产的发展。

水蚀作为农田景观中重要的侵蚀类型，通常在坡耕地下坡形成水蚀沟，而在已有的水蚀地区进行农业耕作，这些水蚀沟的形成对同样作为坡耕地主要侵蚀类型的耕作侵蚀产生影响。在有水蚀沟的坡耕地上耕作是建立在水蚀沟可被耕作平复的基础上，因此，反复耕作后原有水蚀沟(细沟)通常会被破坏掉。水蚀沟存在时，耕作过程中通常是先将周围的土壤填充进去，这种耕作引起的土壤再分布与没有水蚀沟的土壤再分布明显不同，这取决于水蚀沟的宽度和深度、水蚀沟的分布密度、坡面的坡度以及耕作方向等。

根据研究区坡耕地水蚀沟分布情况的调查，本章采用野外田间模拟耕作试验，选择了5°、10°、15°三个坡度角，设置了三个标准的水蚀沟，用无水蚀沟的坡地作为对照处理，采用顺坡耕作、等高耕作和逆坡耕作三种耕作方向。耕作位移采用磁性示踪法，另外利用三维激光扫描仪扫描水蚀沟存在的坡耕地耕作前后的地形变化计算耕作侵蚀量，以进一步验证水蚀对耕作侵蚀的影响。

第一节 试验设计与方法

一、模拟耕作试验

野外模拟耕作试验主要是研究水蚀对耕作侵蚀的影响，选择在云南元谋县物茂乡境内的湾坝村坡耕地上完成。根据调查发现，当地特大暴雨后在坡耕地上形成了大量水蚀沟，当地农民为了种植庄稼，需要平复水蚀沟。因此，在本试验中主要模拟平复水蚀沟过程中产生的耕作位移。试验时期，因刚进行耕作，野外极难发现现成水蚀沟。水蚀强度划分依据基于《土壤侵蚀分类分级标准》(SL190—2007)中沟蚀分级标准，另外在野外坡耕地水蚀沟调查中也发现，坡耕地水蚀沟宽度在 0.3m 左右；郑粉莉等[205]在野外观测和室内人工模拟降雨时得到坡耕地细沟宽度为 0.30m、深度为 0.20m，因此，本书中水蚀沟模拟横向宽度为 1m，面积占试验坡面面积比例分别为 20%、30%、40%，符合中度水蚀、强烈水蚀、极强烈水蚀划分标准。在选择的坡耕地上人工模拟了不同标准的水蚀沟以模拟不同水蚀强度（表 6.1）。同时采用当地普遍采用的锄耕方式。为了测定水蚀沟对耕作侵蚀的影响，采用磁性示踪法测定土壤位移，在水蚀沟上部布设示踪小区（图 6.1）。为了精确测定水蚀沟对耕作侵蚀的影响，采用三维激光扫描仪测定耕作前后地形变化，计算耕作位移量。水蚀对耕作侵蚀影响的处理，设置了不同坡度角、不同水蚀强度和不同耕作方向的处理。

表 6.1　水蚀对耕作侵蚀影响的试验处理

指标	坡度角	耕作方向	水蚀沟标准	
			宽/m	深/m
中度水蚀	10°	顺坡耕作	0.20	0.20
强烈水蚀	10°	顺坡耕作	0.30	0.30
极强烈水蚀	10°	顺坡耕作	0.40	0.40
不同坡度角	5°	顺坡耕作	0.20	0.20
	10°	顺坡耕作	0.20	0.20
	15°	顺坡耕作	0.20	0.20
不同耕作方向	10°	顺坡耕作	0.20	0.20
	10°	等高耕作	0.20	0.20
	10°	逆坡耕作	0.20	0.20

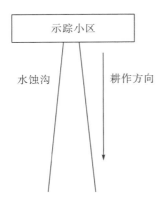

(a) 坡耕地水蚀沟耕作模拟

(b) 水蚀沟耕作小区野外布设

图 6.1　模拟水蚀对耕作侵蚀的影响试验

二、三维激光扫描技术

　　三维激光扫描技术又被称为实景复制技术，其通过高速激光扫描测量，大面积高分辨率地快速获取被测对象表面的三维坐标数据，在文物保护、城市建筑测量、地形测绘、采矿业、变形监测、隧道工程、桥梁改建等领域得到广泛应用（图6.2）。在工程测量中，利用对地形的复制，可以测定挖填土方量。因此，在水蚀对耕作侵蚀的影响试验中，利用三维激光扫描技术可以扫描出水蚀沟在耕作前的地形［图6.3(a)］，耕作后同样可以扫描出地形变化［图6.3(b)］，利用处理软件RieglLMS将两次扫描的地形图进行叠加，可以算出挖土量或者填土量。在耕作实验中，在水蚀沟区测定土壤容重，最后利用式(6-1)计算得到耕作位移量：

$$Q_F = \frac{V_S \cdot B}{L} \tag{6-1}$$

式中，Q_F代表耕作位移量($kg \cdot m^{-1}$)；V_S代表扫描计算得到的填方体积(m^3)；B代表耕作后土壤容重($kg \cdot m^{-3}$)；L代表水蚀沟长(m)。

图6.2　扫描现场

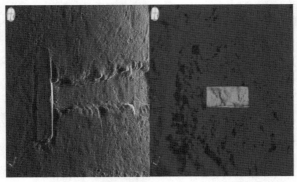

(a) 5°中度水蚀耕作前3D图　　　　(b) 5°中度水蚀耕作后3D图

图6.3　三维激光扫描水蚀沟耕作前后地形图

第二节　水蚀强度对耕作侵蚀的影响

一、不同水蚀强度的耕作侵蚀特征

为了研究不同水蚀强度对耕作侵蚀的影响,在10°坡耕地上分别模拟了宽0.2m、深0.2m,宽0.3m、深0.3m,宽0.4m、深0.4m三种标准水蚀沟,沟长均为2m,以代表中度、强烈、极强烈水蚀(表6.2)。在水蚀沟上坡位建立示踪小区,水蚀沟耕作前如图6.4(a)所示,利用磁性示踪法研究耕作位移,采用顺坡耕作,耕作后水蚀沟区被填埋[图6.4(b)],不同水蚀强度的水蚀沟区域耕作位移变化见表6.3。结果表明,中度、强烈和极强烈水蚀的水蚀沟区耕作位移为0.32m、0.31m、0.40m,比没有水蚀沟的耕作位移(0.20m)分别大60%、55%、100%;极强烈水蚀作用下的耕作位移比强烈水蚀、中度水蚀大29.03%、25%。显然,有水蚀沟的耕作位移大于无水蚀沟的耕作位移,强烈水蚀加大了耕作位移。不同水蚀强度下的水蚀沟区耕作侵蚀速率变化结果表明,中度水蚀、强烈水蚀和极强烈水蚀的水蚀沟区耕作侵蚀速率分别为13.32t·hm^{-2}·a^{-1}、14.49t·hm^{-2}·a^{-1}、21.15t·hm^{-2}·a^{-1},比没有水蚀沟(8.29t·hm^{-2}·a^{-1})的耕作侵蚀速率大60.68%、74.79%、155.13%(表6.3),耕作侵蚀速率呈现出随水蚀强度的增大而增大的变化趋势,以上结果揭示了坡耕地水蚀对耕作侵蚀的促进作用。

表6.2　坡面水蚀强度的模拟

耕作方向	水蚀强度	水蚀沟	
		沟宽/m	沟深/m
顺坡耕作	中度	0.2	0.2
	强烈	0.3	0.3
	极强烈	0.4	0.4

注:坡度角为10°。

(a) 水蚀沟耕作前　　　　　(b) 水蚀沟耕作后

图6.4　野外水蚀沟耕作前后

表 6.3　不同水蚀强度下坡面耕作位移和耕作侵蚀速率变化

耕作方向	水蚀强度	耕作位移/m	耕作侵蚀速率/(t·hm^{-2}·a^{-1})
	无水蚀	0.20	8.29
顺坡耕作	中度	0.32	13.32
	强烈	0.31	14.49
	极强烈	0.40	21.15

注：坡度角为10°。

二、不同水蚀强度的三维数字地形特征

　　水蚀沟耕作前后分别以三维激光扫描仪扫描地形，利用专用软件生成地形图，并利用软件体积计算功能测定水蚀沟被填充的体积，以填充体积乘以其容重得到填充土壤重。图 6.5是不同水蚀强度的三维数字地形图，图上不同颜色代表分别填充和挖取的区域，黄色代表填充，蓝色代表挖取。图 6.5 中不同水蚀强度的水蚀沟颜色均为黄色，表明水蚀沟耕作后明显被填充，但是，水蚀沟区黄色的色带颜色最深代表填充的土壤层最深[图 6.5(c)]，强烈水蚀和中度水蚀的色带均较浅[图 6.5(a)(b)]，说明耕作填充的土壤层较浅。在水蚀沟最顶部区域即磁性示踪区下部，同样有连续的黄色色带，说明在示踪区下部区域明显出现了土壤填充。另外，在水蚀沟两侧区域存在连续的蓝色色带，表明两侧均存在明显的土壤挖取，而这些土壤主要被填充于水蚀沟内。图 6.5 中地形变化表明，水蚀沟不仅促进了水蚀沟顶部土壤顺坡位移，也使得水蚀沟两侧土壤发生向沟内位移。

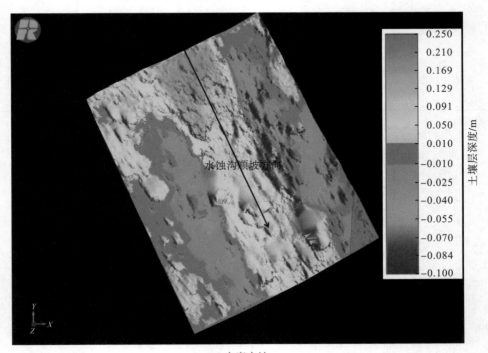

(a) 中度水蚀

(b) 强烈水蚀

(c) 极强烈水蚀

图 6.5　不同水蚀强度下耕作前后三维扫描地形图

三、耕作侵蚀的两种测定方法比较

表 6.4 是利用磁性示踪法和三维激光扫描方法计算的不同水蚀强度下水蚀沟区域耕作侵蚀速率，结果显示，三维激光扫描方法计算得到的中度水蚀、强烈水蚀、极强烈水蚀的水蚀沟区耕作侵蚀速率分别是 $10.57t \cdot hm^{-2} \cdot a^{-1}$、$16.51t \cdot hm^{-2} \cdot a^{-1}$、$39.56t \cdot hm^{-2} \cdot a^{-1}$，分别比无水蚀沟的耕作侵蚀速率大 27.50%、99.16%、377.20%，显然，耕作侵蚀速率随着水蚀强度的增大而增大，即三维激光扫描方法计算得到的不同水蚀强度的耕作侵蚀速率变化趋势基本与磁性示踪法得到的结果一致。表 6.4 结果显示，中度水蚀磁性示踪法得到的耕作侵蚀速率（$13.32t \cdot hm^{-2} \cdot a^{-1}$）比三维激光扫描方法计算得到的值（$10.57t \cdot hm^{-2} \cdot a^{-1}$）大 26.02%，而强烈水蚀用三维激光扫描方法计算得到的耕作侵蚀速率（$16.51t \cdot hm^{-2} \cdot a^{-1}$）比磁性示踪法得到的值（$14.49t \cdot hm^{-2} \cdot a^{-1}$）大 13.94%，尽管在极强烈水蚀时用三维激光扫描方法计算得到的耕作侵蚀速率（$39.56t \cdot hm^{-2} \cdot a^{-1}$）比磁性示踪法得到的值（$21.15t \cdot hm^{-2} \cdot a^{-1}$）大 87.04%，但是，两种方法测得的耕作侵蚀速率变化趋势相同，说明在试验的水蚀强度下，用三维激光扫描技术测定水蚀对耕作侵蚀的影响具有一定可行性。

表 6.4　三维激光扫描方法与磁性示踪法计算的不同水蚀强度耕作侵蚀速率比较

耕作方向	水蚀强度	耕作侵蚀速率/$(t \cdot hm^{-2} \cdot a^{-1})$	
		磁性示踪法	三维激光扫描法
顺坡耕作	无水蚀	8.29	—
	中度	13.32	10.57
	强烈	14.49	16.51
	极强烈	21.15	39.56

注：坡度角为 10°。

坡面土壤侵蚀一般分为雨滴溅蚀、面蚀（片流侵蚀）、细沟侵蚀、浅沟侵蚀、切沟侵蚀等[206]。元谋干热河谷坡耕地水蚀沟发育以细沟为主，在农业耕作过程中，能被平复以种植庄稼。本书研究通过在坡耕地模拟不同水蚀强度，以磁性示踪法测定不同水蚀强度对坡面耕作侵蚀的影响。结果显示，有水蚀沟的耕作位移和耕作侵蚀速率均比无水蚀沟大，在水蚀作用下，耕作侵蚀随着水蚀强度的增大而增大。这是因为一方面相比于无水蚀沟，水蚀沟区域和水蚀沟的顶部区域之间形成了更大坡降，而已有的耕作侵蚀研究表明，耕作位移和侵蚀速率随着坡度的增大而增大[6, 10, 28, 47, 50, 64, 140]，水蚀强度越大，其水蚀沟越深，相对于沟顶部形成的坡度也越大，因此，水蚀强度越大，其耕作位移和侵蚀速率也更大。另一方面，水蚀沟越大，需要填充的土壤也越多，为了保证耕作平整和便于耕种庄稼，农民通常会将水蚀沟完全填满[207, 208]，这就需要更多的土壤，相对于从沟两侧和下坡位传输土壤填沟，从沟上部更省力，农民更愿意从沟上坡耕作土壤进行填沟，因此，这也相应增大了沟上部土壤向下坡传输，从而增大了耕作侵蚀。

第三节 坡度对耕作侵蚀的影响

一、不同坡度下的耕作侵蚀特征

表 6.5 是在中度水蚀情况下不同坡度角的耕作位移变化，结果显示，无水蚀沟的三个坡度角（5°、10°、15°）的耕作位移分别为 0.17m、0.20m、0.23m，而有水蚀沟的三个坡度角的耕作位移分别是 0.19m、0.32m、0.43m，比无水蚀沟的耕作位移分别大 11.77%、60.00%、86.96%，以上结果说明，在水蚀作用下，在测定坡度范围，耕作位移随着坡度的增大而增大，同时，水蚀沟存在的耕作位移相比于无水蚀作用的耕作位移增大的百分比也随坡度的增大而增大，说明坡度的增大进一步增大了水蚀对耕作位移的影响。表 6.6 是不同坡度角的耕作侵蚀速率变化，结果显示，不同坡度耕作侵蚀速率的变化呈现出与耕作位移相似的变化趋势，有水蚀作用时三个坡度角（5°、10°、15°）的耕作侵蚀速率分别是 $7.43t \cdot hm^{-2} \cdot a^{-1}$、$13.32t \cdot hm^{-2} \cdot a^{-1}$、$18.68t \cdot hm^{-2} \cdot a^{-1}$，比无水蚀作用时三个坡度角（5°、10°、15°）的耕作侵蚀速率（$6.53t \cdot hm^{-2} \cdot a^{-1}$、$8.29t \cdot hm^{-2} \cdot a^{-1}$、$10.10t \cdot hm^{-2} \cdot a^{-1}$）分别大 13.78%、60.68%、84.95%，结果表明在水蚀作用下，耕作侵蚀速率随着坡度的增大而增大，无水蚀作用时的耕作侵蚀速率增加的百分比也随坡度增大而增大，即坡度的增大进一步促进了水蚀对耕作侵蚀的影响。

表 6.5 不同坡度角下坡面耕作位移变化

耕作方向	坡度角/(°)	耕作位移/m	
		无处理	中度水蚀
顺坡耕作	5	0.17	0.19
	10	0.20	0.32
	15	0.23	0.43

表 6.6 不同坡度角下坡面耕作侵蚀速率变化

耕作方向	坡度角/(°)	耕作侵蚀速率/(t·hm^{-2}·a^{-1})	
		无处理	中度水蚀
顺坡耕作	5	6.53	7.43
	10	8.29	13.32
	15	10.10	18.68

二、耕作侵蚀的两种测定方法比较

图 6.6 是中度水蚀作用下不同坡度角下的三维数字地形图,图上不同颜色代表填充和挖取的区域,黄色代表填充,蓝色代表挖取。图中不同坡度的水蚀沟颜色均为黄色,表明水蚀沟耕作后明显被填充,5°水蚀沟区和 10°水蚀沟区黄色色带均较浅,而 15°水蚀沟区黄色色带更深并距离示踪区更远,说明 15°水蚀沟区填充的土壤层最深,位移也最远。同样在三个坡度角水蚀沟两侧均出现蓝色色带,表明两侧均存在明显的土壤挖取。表 6.7 是利用磁性示踪法和三维激光扫描方法计算的三个坡度角水蚀沟区耕作侵蚀速率,结果显示,磁性示踪法计算得到的 5°水蚀沟区、10°水蚀沟区、15°水蚀沟区耕作侵蚀速率分别是 $7.43t\cdot hm^{-2}\cdot a^{-1}$、$13.32t\cdot hm^{-2}\cdot a^{-1}$、$18.68t\cdot hm^{-2}\cdot a^{-1}$,分别比无水蚀沟的耕作侵蚀速率大 13.78%、60.68%、84.95%,显然,中度水蚀作用下的耕作侵蚀速率随着坡度的增大而增大,无水蚀的耕作侵蚀速率随坡度的增大幅度更大。三维激光扫描方法计算得到的不同坡度耕作侵蚀速率变化趋势基本与磁性示踪法得到的结果一致。表 6.7 结果显示,中度水蚀作用下,三维激光扫描方法计算得到 5°水蚀沟区和 15°水蚀沟区的耕作侵蚀速率分别为 $9.76t\cdot hm^{-2}\cdot a^{-1}$、$21.29t\cdot hm^{-2}\cdot a^{-1}$,分别比由磁性示踪法计算得到的值大 31.36%、13.97%,而在 10°坡面,三维激光扫描方法计算得到的耕作侵蚀速率为 $10.57t\cdot hm^{-2}\cdot a^{-1}$,比磁性示踪法得到的值($13.32t\cdot hm^{-2}\cdot a^{-1}$)小 20.65%,尽管用三维激光扫描方法计算得到的三个坡度角耕作侵蚀速率与磁性示踪法得到的值之间存在一定差异,但是两种方法测得的耕作侵蚀速率并没有明显差异,说明在试验坡度范围,用三维激光扫描技术测定水蚀对耕作侵蚀的影响具有一定可行性。

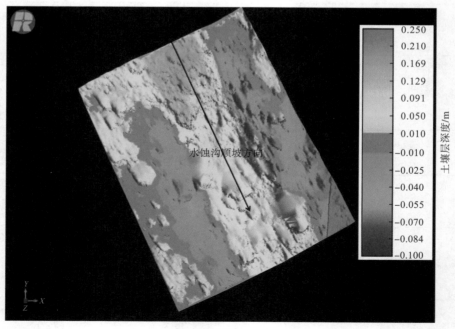

(a) 5°

(b) 10°

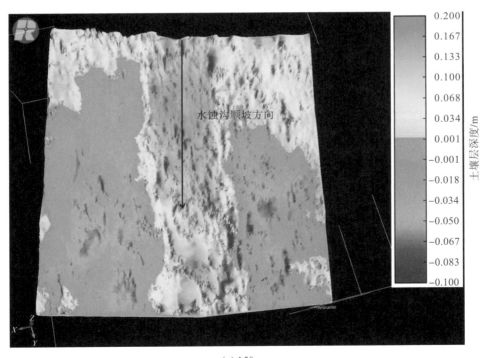

(c) 15°

图 6.6　不同坡度角下耕作后三维激光扫描地形图

表 6.7 三维激光扫描方法与磁性示踪法计算的耕作侵蚀速率

耕作方向	坡度角/(°)	无处理耕作侵蚀速率/(t·hm⁻²·a⁻¹)	中度水蚀耕作侵蚀速率/(t·hm⁻²·a⁻¹)	
		磁性示踪法	磁性示踪法	三维激光扫描法
顺坡耕作	5	6.53	7.43	9.76
	10	8.29	13.32	10.57
	15	10.10	18.68	21.29

坡度是影响耕作侵蚀的主要因素,目前的研究表明,耕作侵蚀随着坡度的增大而增大。本章研究在三个坡度角下完成相同水蚀强度的耕作试验,结果表明,有水蚀作用的三个坡度角耕作位移和耕作侵蚀速率均比无水蚀作用时大,耕作位移和耕作侵蚀速率均随着坡度的增加而增大,并且在水蚀作用下耕作侵蚀速率随坡度的增加幅度比无水蚀作用时更大。这主要是因为,首先,在相同条件下,耕作位移与坡度呈正相关[29],在第四章的研究中也证实耕作位移与坡度有显著正相关关系,因此耕作位移和耕作侵蚀随坡度增加而增大。其次,与无水蚀沟相比,水蚀沟的存在势必会增大水蚀沟区和沟顶部区域间的坡降,而坡度增大的坡降导致的耕作位移增大效应并非是一种叠加,由第三章耕作位移和坡度相关关系图发现,当坡度增大至一定值后,耕作位移与坡度呈现幂函数关系。本章研究中也发现有水蚀沟时,耕作位移和耕作侵蚀速率随坡度的增幅大于无水蚀作用时的增幅。因此,坡度的增大进一步增大了水蚀对耕作侵蚀的作用。

第四节 耕作方向对耕作侵蚀的影响

一、不同耕作方向的耕作侵蚀特征

为了减小水土流失,坡耕地通常采用保护性的耕作方向,比如等高耕作和逆坡耕作,在水蚀严重的横断山区坡耕地上,这种保护性耕作方向更为普遍。表 6.8 是采用顺坡耕作、等高耕作和逆坡耕作时,利用磁性示踪法测定有水蚀作用和无水蚀作用情况下 10°坡面水蚀沟区耕作位移。结果显示,当无水蚀作用时,耕作位移呈现出顺坡耕作(0.20m)>等高耕作(0.05m)>逆坡耕作(-0.06m)的变化趋势;在中度水蚀作用时,其耕作位移也呈现出相同变化特征即顺坡耕作(0.32m)>等高耕作(0.16m)>逆坡耕作(-0.07m)。顺坡耕作时,有水蚀的耕作位移比无水蚀的耕作位移大 60%;等高耕作时,有水蚀的耕作位移约是无水蚀耕作位移的 3 倍,而逆坡耕作时,两者没有较大差异,表明顺坡耕作和等高耕作时,水蚀均增大了耕作位移,而逆坡耕作时,水蚀不会加大耕作位移。有水蚀作用时,顺坡耕作位移是等高耕作位移的 2 倍,而逆坡耕作则没有发生顺坡位移,说明有水蚀作用时,采用逆坡耕作能避免土壤顺坡位移,等高耕作可以显著减少土壤的耕作位移,而顺坡耕作则明显增大土壤位移。

表 6.8　不同耕作方向坡地耕作位移变化

坡度角/(°)	耕作方向	耕作位移/m	
		无水蚀	中度水蚀
	顺坡耕作	0.20	0.32
10	等高耕作	0.05	0.16
	逆坡耕作	−0.06	−0.07

表 6.9 是采用顺坡耕作、等高耕作和逆坡耕作时有水蚀作用和无水蚀作用的水蚀沟区耕作侵蚀速率差异，结果显示，无水蚀作用时，其三种耕作方向的耕作侵蚀速率与耕作位移有相似的变化趋势，当有水蚀作用时，其水蚀沟区的耕作侵蚀速率呈现出顺坡耕作（$13.32t·hm^{-2}·a^{-1}$）＞等高耕作（$7.20t·hm^{-2}·a^{-1}$）＞逆坡耕作（$-3.02t·hm^{-2}·a^{-1}$）的变化趋势。顺坡耕作时，有水蚀作用的耕作侵蚀速率比无水蚀作用的值大 60.68%；等高耕作时，有水蚀作用的耕作侵蚀速率比无水蚀作用的值大 188%；而逆坡耕作时，两者的值相近，说明有水蚀作用时，采用顺坡耕作和等高耕作均会加大耕作侵蚀，而采用逆坡耕作则能有效避免水蚀对耕作侵蚀的影响。

表 6.9　不同耕作方向坡地耕作侵蚀速率变化

坡度角/(°)	耕作方向	耕作侵蚀速率/($t·hm^{-2}·a^{-1}$)	
		无水蚀	中度水蚀
	顺坡耕作	8.29	13.32
10	等高耕作	2.50	7.20
	逆坡耕作	3.03	−3.02

二、耕作侵蚀的两种测定方法比较

图 6.7 是中度水蚀作用下，顺坡耕作、等高耕作和逆坡耕作后的三维激光扫描地形图，图中三种耕作方向的水蚀沟区均为连续的黄色色带，等高耕作和逆坡耕作均在示踪小区区域形成比较明显的蓝色色带区，但是逆坡耕作时，示踪小区区域形成的蓝色色带比等高耕作更加连续、面积更大，主要是因为逆坡耕作时，水蚀沟顶部即示踪区的土壤在耕作时，绝大部分土壤被搬运到示踪区以上区域，另一部分，因为示踪区下部的水蚀沟形成相对低的凹地，从而较容易运动到水蚀沟内。在 10° 坡面，中度水蚀时，采用顺坡耕作，以磁性示踪法计算得到的水蚀沟区侵蚀速率为 $13.32t·hm^{-2}·a^{-1}$，比三维激光扫描技术测得的值（$10.57t·hm^{-2}·a^{-1}$）大 26.02%（表 6.10）。因等高耕作时，水蚀沟内的土壤主要来自水蚀沟两侧，所以三维激光扫描技术测定的耕作位移量主要来自两侧土壤位移。而逆坡耕作时，磁性示踪技术计算得到的水蚀沟区侵蚀速率为 $-3.02t·hm^{-2}·a^{-1}$，比三维激光扫描技术测得的值（$-2.28t·hm^{-2}·a^{-1}$）大 32.46%，尽管用磁性示踪法计算得到的水蚀沟区侵蚀速率比三维激光扫描技术测得的耕作侵蚀速率稍大，但是并没有明显差异。

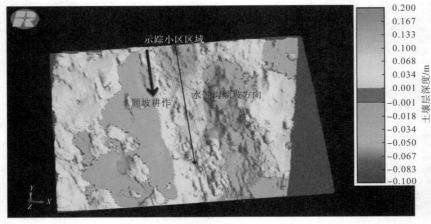

(a) 顺坡耕作

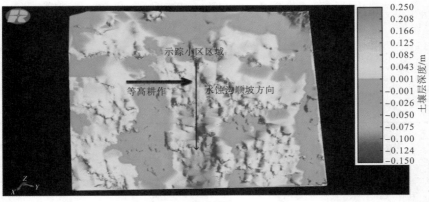

(b) 等高耕作

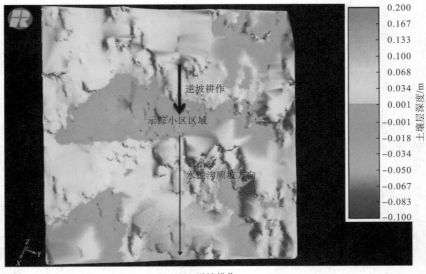

(c) 逆坡耕作

图 6.7　中度水蚀作用下不同耕作方向三维扫描激光扫描地形图

表 6.10　三维激光扫描方法与磁性示踪技术计算的耕作侵蚀速率

坡度角/(°)	耕作方向	无处理耕作侵蚀速率/(t·hm^{-2}·a^{-1})	中度水蚀耕作侵蚀速率/(t·hm^{-2}·a^{-1})	
		磁性示踪法	磁性示踪法	三维激光扫描法
10	顺坡耕作	8.29	13.32	10.57
	等高耕作	2.50	7.20	—
	逆坡耕作	-3.03	-3.02	-2.28

改变坡耕地耕作方向是一种重要的水土保持措施，已有研究表明，逆坡耕作可以显著减小耕作侵蚀速率[39]，等高耕作也比顺坡耕作更有利于减小耕作侵蚀速率[11]，在耕作侵蚀有关的研究中，已经证实了逆坡耕作比等高耕作更有利于减小耕作位移。本研究在相同坡度上，通过模拟相同水蚀强度，进行不同耕作方向的耕作试验，结果表明，有水蚀作用时，顺坡耕作的耕作位移和耕作侵蚀速率大于等高耕作，而等高耕作大于逆坡耕作，与无水蚀作用时的变化规律相同。在水蚀作用下，顺坡耕作和等高耕作时的耕作位移和耕作侵蚀速率均比无水蚀作用时大，而逆坡耕作没有明显差异。这主要归因于顺坡耕作时，水蚀沟顶部的土壤在水蚀沟形成坡降而产生的重力作用和耕作搬运作用力叠加下，耕作位移显著增大；等高耕作时，水蚀沟顶部的土壤主要在水蚀沟形成坡降产生的重力作用产生耕作位移；但是，在逆坡耕作时，土壤的向上耕作搬运作用被土壤自身重力作用抵消一部分而受到削弱，但仍然使土壤被搬运至水蚀沟顶部区域，也就是说水蚀沟形成的坡降并没有对土壤位移产生多大影响。因此，在水蚀作用下，采用顺坡耕作和等高耕作均会加大耕作侵蚀，而采用逆坡耕作则能有效避免水蚀对耕作侵蚀的影响，这为水蚀区坡耕地开展水土保持措施提供了很好的参考依据。

利用磁性示踪法测量耕作侵蚀已经在国内外土壤侵蚀研究中得到广泛应用并得到认可[64]，而三维激光扫描技术测定地形具有误差小、精度高的特点，能真实反映地形变化特征。目前，尽管其在工程测量、地形测量等方面应用广泛[179, 209-211]，但在土壤侵蚀研究中的应用较少，特别是研究耕作侵蚀还缺乏实证研究。本研究在运用磁性示踪法测量耕作侵蚀速率的同时，运用三维激光扫描技术进行测量，对两者进行相互验证，结果表明，在不同水蚀强度和不同坡度下，尽管用三维激光扫描技术测得的耕作侵蚀速率比磁性示踪技术稍大，但是二者并没有明显差异，说明在水蚀作用下，采用三维激光扫描技术能够较准确地测量耕作侵蚀速率，基本反映出顺坡耕作的土壤位移变化规律。三维激光扫描技术与磁性示踪法在测定耕作侵蚀的原理上存在明显差异，磁性示踪法是以取样区域耕作前后磁性强度的差异来计算耕作位移，示踪区在水蚀沟顶部，能反映出示踪剂顺沟位移情况，而三维激光扫描技术是以耕作前后水蚀沟内的体积差来计算耕作位移量，在耕作过程中，土壤会优先填入沟内，测定水蚀沟对耕作侵蚀的影响。对本试验中两种方法测定的耕作侵蚀结果进行比较发现，三维激光扫描技术测定的结果与磁性示踪法没有明显差异，基本能反映水蚀作用下耕作侵蚀的变化规律，说明以三维激光扫描技术测定水蚀对耕作侵蚀的影响具有可行性。

在填沟耕作过程中，无论采用何种耕作方向，沟两侧土壤势必会被耕作进入沟内，在本试验中采用的磁性示踪法测定的耕作位移量仅仅是顺坡耕作位移，而三维激光扫描技术是通过测定沟内填土体积而折算出进入沟内的土壤量。因此这部分土壤应该包括水蚀沟顺坡耕作位移量和沟侧向位移量的和，这很好解释了本试验中三维激光扫描技术测定的耕作位移量总体上比磁性示踪法测定的值大的结果。为了准确获得顺坡耕作位移量和侧向耕作位移量，是否可将两者方法予以结合，需要在实验中进一步验证，这也是下一步研究工作需要探索的方向之一。

第五节 结 论

(1) 在不同水蚀强度下利用磁性示踪法测定耕作位移，结果显示，顺坡耕作时，中度水蚀、强烈水蚀和极强烈水蚀作用下的耕作位移均比没有水蚀沟的耕作位移大，极强烈水蚀的耕作位移比强烈水蚀、中度水蚀大；计算后得到三种水蚀强度下的耕作侵蚀速率均比没有水蚀作用下的耕作侵蚀速率大，表明水蚀作用加剧了耕作侵蚀，且这种加剧作用随水蚀强度的增大而增强。这主要是因为水蚀沟增大了水蚀沟和沟顶部间坡降，增大了耕作位移，从而加剧了耕作侵蚀，水蚀沟越大，坡降越大，耕作位移也越大，因此耕作侵蚀随着水蚀强度的增大而增大。

(2) 中度水蚀作用下的三个坡度角下耕作位移均比无水蚀作用时大；水蚀作用下，在测定坡度范围，耕作位移随着坡度的增大而增大。同时，水蚀作用下的耕作位移随坡度增加幅度比无水蚀作用时增加幅度更大。计算得到的不同坡度耕作侵蚀速率与耕作位移有相同的变化规律，这些结果表明水蚀作用下，耕作侵蚀速率随着坡度的增大而增大，坡度的增大进一步促进了水蚀对耕作侵蚀的影响。

(3) 水蚀作用下，顺坡耕作位移大于等高耕作位移，逆坡耕作时未发生顺坡位移，而在水蚀沟上部产生向上位移；顺坡耕作和等高耕作时的耕作位移均比无水蚀作用时大。顺坡耕作时，有水蚀作用的耕作侵蚀速率比无水蚀作用的值大；等高耕作时的耕作侵蚀速率比无水蚀作用的值大；而逆坡耕作时，两者的值相近，说明有水蚀作用时，采用顺坡耕作和等高耕作均会加大耕作侵蚀，而采用逆坡耕作作则能有效避免水蚀对耕作侵蚀的影响。

(4) 运用磁性示踪法和三维激光扫描技术法同时测量水蚀作用下的耕作侵蚀速率，结果表明，在不同水蚀强度和不同坡度下，用三维激光扫描技术法测得顺坡耕作时的耕作侵蚀速率比磁性示踪法稍大，但是二者并没有明显差异，基本能反映水蚀作用下耕作侵蚀的变化规律，说明以三维激光扫描技术法测定水蚀对耕作侵蚀的影响具有可行性。

第七章 耕作侵蚀的控制方法

坡耕地是耕作侵蚀产生的主要对象，也是山区农业生产活动的主体，在长期的生产实践中，人民总结出了大量蓄水保土的耕作技术，对防治坡耕地土壤流失、土壤质量退化有积极作用。通常坡耕地上采取的水保耕作措施主要有垄作、坡改梯等，以改变微地形，拦截地表径流，通过免耕、少耕等措施改变土壤物理性状，提高土壤抗冲性和抗蚀性，但是这些耕作技术的选择是基于坡面水蚀的控制。

前述分析得出耕作侵蚀影响因素主要分为三大类，即土壤性质、地形特征和耕作侵蚀力因素。土壤性质主要包括土壤容重、含水量、土壤结构、剪切程度和 SOC 含量等；地形特征主要包括坡度、坡型和坡长等；耕作侵蚀力主要包括耕作方向、耕作次数、耕作深度、耕作速度、耕作工具和耕作方式等。此外，在水蚀作用下，在坡面中下坡位置往往形成水蚀沟，这些水蚀沟特殊的地形特征也可影响耕作侵蚀。基于此，坡耕地耕作侵蚀调控技术主要是在农业生产活动中应当采取的一些控制坡面耕作侵蚀的措施。

第一节 地形因子调控

地形因子中，坡度和坡长是影响耕作侵蚀最重要的两个因素。无论在水蚀还是耕作侵蚀中，坡度均是影响坡面土壤侵蚀的最重要因子。研究表明水蚀随坡度的增加而增加，当坡度增加到一定值后，水蚀不再增加而呈现逐渐减小趋势，这个值被称为临界值。而在耕作侵蚀中，大量研究已经表明，随着坡度的增加，耕作侵蚀强度不断增加，并没有达到一定的坡度而发生逐渐减小的趋势。尽管不存在耕作侵蚀增大到减小的临界值，但是在砾石土区的耕作试验表明，存在土壤的休止角，即在休止角上耕作侵蚀强度将随着坡度的增加呈指数增加。

为了控制坡面土壤侵蚀，山区坡耕地已经实行 25°以上坡耕地退耕还林还草，但是，目前西南干旱河谷山区 25°以上陡坡地仍然存在耕作的现象，因此，对坡面土壤侵蚀坡度因子的调控应该给予全面考虑。坡长不仅在坡面水蚀中控制坡面径流形成，制约坡面土壤侵蚀，在耕作侵蚀过程中同样影响坡面土壤侵蚀速率。

一、坡度因子调控

耕作侵蚀机理研究已证明，耕作位移随坡度的增加而增加，并呈现线性增加关系；耕作侵蚀速率也随坡度增加而增大，也就是说耕作侵蚀与坡度呈正相关，因此，在其他条件一致的情况下，为了控制坡面耕作位移，减小耕作侵蚀，应当尽量控制耕作坡面的坡度。然而不同土壤、不同耕作工具类型在相同耕作方向下呈现出的耕作位移和侵蚀速率存在一定差异。就一种土壤类型而言，采用相同耕作方向情况下，不同耕作深度形成的耕作侵蚀量和坡度间的函数关系不同(表7.1)。总体来说，耕作深度越深，其函数关系的斜率(K值)越大，表明耕作侵蚀量随坡度增加幅度越大，受坡度影响程度也更明显。为了有效控制多种因子影响下的耕作侵蚀，需要根据土壤类型、耕作工具类型、耕作方向、耕作深度等综合因素予以考虑，但是要从坡度上控制耕作侵蚀，总体原则就是尽量降低耕作活动中耕地的坡度，这是最有效的手段。

表 7.1   不同土壤、耕作工具下坡度因子的耕作深度和侵蚀速率

土壤类型	耕作工具	耕作深度/cm	函数关系	研究区域
紫色土	单柄锄(顺坡)	22	$Q=31+141S$	四川简阳
		17	$Q=37+118S$	重庆忠县
燥红土	单柄锄(顺坡)	20	$Q=38+179S$	
		15	$Q=24+99S$	云南元谋
		10	$Q=18+44S$	
		5	$Q=9+15S$	
砾石土	双齿锄(顺坡)	17	$Q=40+78S$	云南东川

注：数据来源于文献[76]；Q代表耕作侵蚀速率，S代表耕作深度。

在坡耕地分布较广的西南山区，既要保证耕作面积不减小又要控制坡度是较困难的工作，常常是在现有坡度情况下，采用最有效方法控制耕作侵蚀。在四川紫色土区，花小叶[108]研究了在各个坡度范围最合理的耕作技术配置。四川紫色土区当前常用的耕作工具有人工锄、牛拉犁和旋耕机，在不同坡度采用相同耕作方式其耕作侵蚀速率存在差异(表7.2)。研究结果发现，人工锄耕作和牛拉犁耕作时，除顺坡耕作各坡度没有明显差异，其他耕作方向坡度越大其耕作侵蚀速率越大；旋耕作机耕作总体上随坡度增大而增大。就各坡度范围的耕作侵蚀而言，不同耕作工具和耕作方向存在差异，0°~5°缓坡坡耕地上，采用上下交替牛拉犁耕不会产生顺坡位移，相反导致土壤向上坡运动，向上侵蚀速率为2.81t·hm^{-2}·a^{-1}，而旋耕机上下耕作方式仅发生顺坡侵蚀(0.21t·hm^{-2}·a^{-1})，这两种耕作方式的耕作侵蚀明显比其他耕作方式要小，因此，在坡度较缓时，采用牛拉犁或者旋耕机上下机耕能有效减小耕作侵蚀。但是，为了防止耕作侵蚀并考虑耕作时的便利性，当坡长较长时这两种方式均可采用，但是当坡长较短时不利于采用牛拉犁，应当采用旋耕机或者人工锄等高耕作或者逆坡耕作。5°~25°较陡坡耕地，采用牛拉犁上下交替犁耕和旋耕机上下机耕的耕作侵蚀速率最小(表7.2)，人力等高锄耕的耕作侵蚀速率也相对较小。对山区坡耕地来说，10°~25°陡坡地属于耕作侵蚀和水蚀最严重的区域，随着农村劳动力人口大量转移进入城镇，山区农村劳动力数量逐渐减少，而且老龄化严重，如果采用人工锄耕和牛拉犁耕作相对需要耗费较多的体力；另一方面，农业机具的科技发展使得传统的耕作机具逐渐减小，为了

有效防止这些坡度的耕作侵蚀，必须选择便于操作、易于推广的耕作技术。旋耕机耕作时耗费较少体力，操作方便，适应性强，耕作效率高，产生的耕作侵蚀速率小，因此，在山区坡地较陡区域建议采用旋耕机上下机耕。

表 7.2 坡度对不同耕作技术的耕作侵蚀速率的影响

耕作工具	耕作方式	耕作侵蚀速率/(t·hm⁻²·a⁻¹)			
		0°～5°	5°～15°	15°～25°	>25°
人工锄	向下锄耕	25.07	45.03	50.81	57.83
	等高锄耕	6.43	9.81	13.07	9.34
	向上锄耕	20.66	22.95	22.82	23.46
牛拉犁	向下犁耕	15.24	20.81	25.68	28.61
	等高犁耕	16.85	22.28	16.73	27.83
	上下交替犁耕	-2.81	-0.69	2.13	8.47
旋耕机	等高机耕	5.95	10.49	18.5	17.31
	上下机耕	0.21	6.13	6.81	8.67

注：数据来源于文献[108]。

二、坡长因子调控

坡长因子是影响耕作侵蚀的重要地形因子，与坡度相比较，坡长对耕作侵蚀强度的影响要相对小些，一般来说，耕作侵蚀速率随着坡长的增加而逐渐变小[60]。耕作活动导致坡面土壤沿坡面运动，因此，坡长的长短最终会影响土壤顺坡运动的距离，在其他条件相同情况下，坡长越短，造成的土壤侵蚀越强。在云南元谋干旱河谷区坡耕地的研究表明[70]，在耕作深度为 20cm 时，采用顺坡锄耕，产生的耕作侵蚀速率随着坡长增加而减小。在非洲西部坡耕地上利用核素 ^{137}Cs 浓度分布特征，发现坡长越长，整个坡面的耕作侵蚀速率越小[82]。在其他因素相同情况下，坡长越短其耕作侵蚀速率越大，反之坡长越长其耕作侵蚀速率越小，现实中在坡耕地分布较广、地形较缓的地区，为了控制坡面耕作侵蚀，常常采用土地整理方式，将多个短坡进行合并，整理成台阶式的长坡坡耕地。

三、坡度和坡长协同控制作用

在元谋干热河谷区坡耕地，将耕作深度为 0.2m 情况下获得的耕作试验数据代入耕作侵蚀速率计算公式：

$$R = \frac{10(179S + 38)}{L_d} \tag{7-1}$$

式中，R 为耕作侵蚀速率(t·hm⁻²·a⁻¹)；S 为坡度；L_d 为坡长(m)。

以此可以获得坡度、坡长和耕作侵蚀速率之间的关系，可以发现(图 7.1)，在试验坡度范围内，耕作侵蚀速率随坡度增加而增大，在坡长 5～80m 范围内，耕作侵蚀速率呈现随坡长增加而降低的变化趋势，因此，在理论上坡度越小、坡长越长的坡耕地产生的耕作侵蚀速率最低。现实中多种情况均存在，为了尽可能控制耕作侵蚀，需要结合野外实际采取一些工程措施，比如在坡长较短、坡度较陡的三峡库区坡耕地通过土地整理将原有较短坡长的耕地进行合并，将多块碎片化的坡耕地进行集中连片以减小坡度，增加坡长，有效控制坡耕地耕作侵蚀，最终减小坡耕地土壤侵蚀。

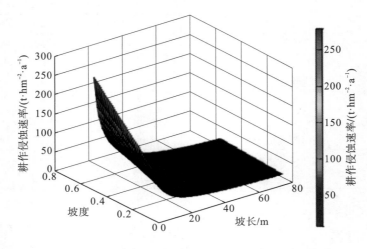

图 7.1　0.20m 耕作深度下耕作侵蚀速率与坡度及坡长之间的关系

第二节　耕作工具的选择

　　坡耕地耕作工具的选择主要受到坡耕地所处区域气候特征、土壤特性、经济发展水平和耕作习惯等因素的影响。目前坡耕地的耕作工具主要采取机械和非机械方式，机械耕作区国外主要采取模板犁和凿型犁两种，国内主要是大型旋耕作机和小型旋耕机，而坡耕地上因地形起伏，地块破碎化，主要以小型旋耕为主；在非机械化耕作区，坡耕地上以锄耕、牛拉犁为主。

一、人力耕作工具选择

　　人类从事农作物种植以来，首先采用的是人力耕作，很长一段时间以来锄具是人力耕作的主要工具。锄具耕作不仅是紫色土区主要的耕作方式，世界其他土壤类型的耕作方式也较多采用锄耕。人力锄耕，因其操作简便、适合各种地形条件，目前仍然被大量使用。由于不同地区土壤特征不同，人们为了进行高效耕作，通常采用不同的锄具形态，如板锄、双齿锄等(图 7.2)。紫色土具有矿质养分丰富、耕性良好、生产力较高等特点，而紫色土坡耕地旱作农业以锄耕和牛拉犁为主。在一些土壤沙粒含量高、耕作性能较好的紫色土、黄棕壤坡耕地上主要采用板锄耕作，比如四川盆地山区紫色土分布区和黄壤分布区以及云贵高原山区分布的紫色土和黄棕壤坡耕地；而在一些黏粒含量高、砾石土分布区，为了节省体力通常采用利于耕入土壤的双齿锄或者空心锄，特别是在云南东川干旱河谷区坡脚，分布大量砾石土坡耕地，由于砾石的阻碍作用，传统的板锄不能有效切入富含砾石的土壤中，采用双齿锄既能节省体力，又能增加耕作深度。

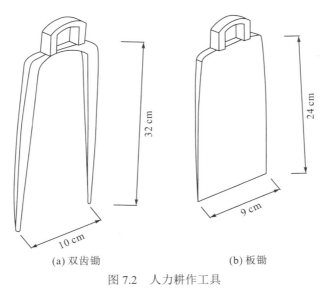

(a) 双齿锄　　　　　　　　　　　　(b) 板锄

图 7.2　人力耕作工具

二、畜力耕作工具选择

自从人类社会出现以来，人们就开始驯化牛马等大型牲畜，以便为人类提供肉食并替代人力进行农业生产，传统农耕时代，除了人力耕作外，以牲畜为动力的畜力耕作被广泛使用，特别是以耕牛为主的畜力是人们进行农事生产的主要选择。在紫色土水田耕作过程中，因水田耕作困难，采用畜力较为普遍，而在旱地耕作中，采用畜力主要是为了解决旱地碎土整地困难的问题，入土工具主要是铁质的犁和耙，另外配套木质的鞍等工具(图 7.3)，犁通常用于翻耕水田和旱地，而耙主要用于平整水田或者旱地，以便于种植。

(a) 牛拉犁-翻耕　　　　　　　　　　　(b) 牛拉耙-平整碎土

图 7.3　畜力耕作工具

三、机械耕作工具选择

随着科技和经济发展，进一步进行产业分工，在一些经济发达的地势平坦地区，机械化农业耕作随之诞生。在我国，随着经济发展、农村人口劳动力转移，农耕工具不断改进和发展，在一些坡耕地上逐步发展出了机械农业工具，比如小型旋耕机，在东北平原出现了旋转耕作机。由于小型旋耕机价格实惠、操作简便、节省人力、效率高，已经逐步在山区农业生产中被广泛应用，比如在川中丘陵区一些坡度较缓的坡耕地上其使用频率较高。目前，机械化耕作工具的种类繁多，主要有铧式犁和旋耕机(图7.4)。

(a) 旋耕机实物图　　　　　　　　(b) 铧式犁实物图

图 7.4　机械耕作工具

第三节　耕作深度与方向的选择

耕作方式在农耕社会出现以来就存在，其最初主要是人们利用耕作工具进行耕种土地的形式，中国古代农业耕作方式主要经历了刀耕火种、石器锄耕、铁犁牛耕，如今逐步演变为人力和机械化混杂的耕作方式。然而，如今耕作方式的含义有更广的延伸，主要包括以下几种含义：一是指农民种植作物的方式，比如间作、混作、轮作等；二是指采用耕作工具进行翻土的方向、深度、速度和耕作强度等；三是指采用耕作工具的种类。

一、耕作深度

在诸多耕作侵蚀的影响因子中，耕作深度是最重要的影响因子之一。影响耕作深度的因素主要有耕作工具类型、耕作工具的作用力以及土壤类型。耕作深度因耕作工具的不同存在较大差异，插入土壤的耕作工具性质决定耕作深度。机械耕作工具通常与土壤接触面积大，同时动力大，因此其耕作深度不仅受耕作工具的影响，也受到其动力大小控制，机械性耕作工具进入土壤深度通常较深。当采用人力或者畜力耕作时,耕作深度受人力或畜力作用影响较大。人力锄耕工具有双齿锄、单柄锄,通常,双齿锄进入土壤部分较小,阻力较小,在同样的土壤和作用力情况下,其耕作深度较深;单柄锄进入土壤部分较多,阻力较大,与双齿锄相比其耕作深度较小。

就同一耕作工具而言,当耕作深度增加时,其耕作过程中耕作工具与土壤的接触面积大,带动更多的土壤位移,其耕作传输系数增加,也就是其产生的耕作侵蚀量增大。当耕作深度由 0.20m 上升到 0.30m 时,耕作传输系数增加了 141%[45]。通过已有研究数据发现,在机械化耕作区模板型犁的耕作深度普遍大于 0.2m 小于 0.4m,其耕作传输系数总体较高(表 7.3);凿型犁的耕作深度基本低于 0.2m,与模板型犁相比,在相同耕作深度情况下,其耕作传输系数总体较高(表 7.4)。对于牛拉犁或者人力锄耕而言,其耕作深度主要保持在 0.15~0.2m,其耕作传输系数基本低于 200kg·m^{-1}·a^{-1},整体上小于机械化耕作区的传输系数,其主要是由于耕作工具本身差异和其动力来源不同;对人力锄而言,板锄主要适用于砾石含量较高的砾石土,其耕作深度较浅,耕作传输系数也较板锄小(表 7.5)。

表 7.3　机械化耕作区模板型犁耕作深度速度与传输系数 K 关系

研究区域	耕作速度/(km·h^{-1})	耕作深度/m	土壤容重/(kg·m^{-3})	K/(kg·m^{-1}·a^{-1})	耕作方向
美国[6]	7.6	0.24	1350	363	等高耕作
比利时[61, 213]	4.9	0.26	1540	184	等高耕作
希腊[214]	4.5	0.4	1420	360	等高耕作
西班牙[215]	4.5	0.24	1370	164	等高耕作
丹麦[216]	4	0.26	1490	132	等高耕作
美国[53]	3.6	0.23	1310	109	等高耕作
新西兰[46]	7	0.17	1350	324	顺-逆坡耕作
美国[6]	7.6	0.24	1350	330	顺-逆坡耕作
比利时[47]	4.5	0.28	1350	234	顺-逆坡耕作
西班牙[217]	1.8	0.33	1070	245	顺-逆坡耕作
比利时[213]	5	0.25	1500	224	顺-逆坡耕作
加拿大[127]	6.2	0.23	1350	346	顺-逆坡耕作
法国[212]	6.5	0.27	1350	263	顺-逆坡耕作
希腊[214]	4.5	0.4	1420	670	顺-逆坡耕作
西班牙[215]	4.5	0.24	1370	204	顺-逆坡耕作
丹麦[216]	6.3	0.26	1507	335	顺-逆坡耕作
希腊[214]	4.5	0.25	1598	159.8	顺-逆坡耕作

表 7.4　机械化耕作区凿型犁耕作深度速度与传输系数 K 关系

研究区域	耕作速度/(km·h^{-1})	耕作深度/m	土壤容重/(kg·m^{-3})	K/(kg·m^{-1}·a^{-1})
比利时[45]	5.8	0.15	1560	225
比利时[45]	7.2	0.20	1250	545
西班牙[28]	2.3	0.16	1582	282
比利时[47]	4.5	0.15	1350	111
加拿大[127]	9.6	0.17	1580	275
美国[4]	3.6	0.06	1155	13
西班牙[218]	2.2	0.19	1371	657
葡萄牙[219]	3.6	0.11	1600	75

表 7.5　牛拉犁及锄耕下耕作深度速度与传输系数 K 关系

研究区域	耕作工具	耕作深度/m	土壤容重/(kg·m^{-3})	K/(kg·m^{-1}·a^{-1})	耕作方向
埃塞俄比亚[40]	牛拉犁	0.08	1143	68	等高耕作
菲律宾[220]	牛拉犁	0.2	730	76	等高耕作
中国[96]	牛拉犁	0.17	1300	31	等高耕作
委内瑞拉[221]	牛拉犁	0.2	1270	29	等高耕作
菲律宾[183]	牛拉犁	0.2	1000	152	顺坡耕作
中国[96]	牛拉犁	0.17	1300	250	顺坡耕作
泰国[48]	锄头	0.085	1100	77	顺坡耕作
坦桑尼亚[223]	锄头	0.05	1200	84～108	顺坡耕作
中国[10]	锄头	0.22	1310	31；141	顺坡耕作
中国[11]	锄头	0.17	1391	37；118	顺坡耕作
中国[34]	二齿锄	0.16	1544	40；78	顺坡耕作

　　耕作深度不仅与耕作工具和动力类型有关,也与土壤类型及其性质有关。耕作土壤的性质会影响耕作工具切入土壤的难易程度。对于松散土壤,密度和容重较小,土壤耕作工具容易插入,容易耕作,因此其耕作深度往往较深,特别是人力和畜力耕作更加容易受到土壤性质的影响。耕作方向和耕地地形也会影响其耕作深度,通常平坦的耕地比陡峭的坡耕地更加容易操作,特别是采用畜力或人力耕作的情况下,平坦耕地上更加省力,能保持充足的力进行连续耕作,其耕作深度能得到保证;反之在陡峭的坡耕地上,采用等高耕作或者逆坡耕作,其操作性不变,也更加费力,因此往往不能达到其耕作深度要求。对机械耕作而言,在耕作方向上等高或者逆坡耕作情况下,保持同样的耕作深度,也要耗费更多的动力,特别是一些坡耕地上进行机械操作不便,很难保证其耕作深度的要求。

　　不同的土壤因农业生产的要求不同通常选择不同的耕作深度,不代表耕作深度越深越好或者越浅越好。深耕通常能疏松土壤,增加耕作层厚度,改善土壤的水、肥、气、热状况,降低容重,增加孔隙度,增强土壤通透性,利于土壤透水,使得土壤更加有利于作物根系发育，进入更深的土层，获取更多的水、营养元素，利于作物生长；另外深耕能有效消除杂草，防除病虫害。经过多年耕种，土地吸收肥力能力变差，长期浅耕或者免耕，土壤容易板结，透气性越来越差，根系很难深入，秸秆还田后，会增加病虫害，因此，农田间隔 2~3 年通常要进行深耕，而无须年年进行深耕，深耕的耕作深度通常会大于 0.2m，进行深耕的时间通常为作物收获后。

二、耕作速度与强度

(一)耕作速度

耕作过程中，耕作工具运动的主要动力来源有机械力和非机械力，非机械力主要来自畜力和人力，而耕作速度主要取决于其动力来源，总的来说，机械耕作的耕作速度可以通过机械来控制，而人力或者畜力很难控制稳定的耕作速度，机械耕作的耕作速度总体上要高于人力或畜力耕作。

机械耕作下，板型犁耕作的耕作速度基本保持在 4~7km·h^{-1}，整体上要高于凿型犁的耕作速度；从已有研究数据分析可以发现，机械耕作无论是板型犁还是凿型犁，其耕作速度越快，耕作传输系数越大(表 7.3 和表 7.4)。尽管机械耕作速度可以通过机械控制，但是耕地上的耕作速度也受到地形的影响。影响耕作速度的主要因素除了耕作动力外，还有地形和土壤性质等。对耕作速度要进行控制，特别是在一些坡耕地上采用机械耕作，过快的耕作速度常常产生较多的耕作侵蚀量，大量土壤被搬运至下坡位置，不利于农业生产。

(二)耕作强度

耕作强度主要是指耕地每年耕作的次数，耕作次数越多其产生的耕作侵蚀量就越大。在农业生产中，耕作次数往往取决于农业中种植作物的需要，不是耕作次数越多越好。在耕作侵蚀的试验研究中，耕作次数越多产生的耕作侵蚀速率越大，其上坡土壤损失量越多，往往造成坡顶母岩出露，养分流失严重，土壤养分在坡面分布不均，导致整个坡面土地生产力降低[4,40]。不同地区其农业生产的耕作制度不同，耕作地区气候和农业生产水平有差异，通常用复种指数来描述。单位面积耕地上一年种植一季农作物，重复播种一季或者两季，使得一年一熟的耕作制度变为一年两熟或三熟，增加复种指数。在复种指数的影响下，耕地耕作次数可以确定。

自古以来，翻耕土壤就是农业生产不可缺少的一环。近年来，随着农业生产科学技术的不断发展，很多区域常常采用免耕技术，以减少水土流失，降低农业劳动成本。在农田中，耕作的主要作用是防治杂草，疏松土壤，因此在蒸发较多降水较少、排水性好、杂草病虫害较少的地区，常常采取免耕或少耕的方法以减少坡面水土流失，减少因耕作翻土造成的水分蒸发。而在一些病虫害和杂草较多、降水较多、土壤黏性较重、不利于排水蒸发的平坦地区，往往采取深耕、多耕的方式以减小杂草和病虫害，疏松土壤以增加土壤渗透性。另外耕作次数也与当地的农业生产水平、农业劳动力充足程度有关。当农业生产水平高，投资大，农业劳动力充足时，往往采取科学的耕作方法，耕作强度也与农业生产水平相匹配。因此，耕作强度的确定主要是针对不同区域，采取合适的耕作强度，以最大限度地配合农业生产。

三、耕作方向

控制耕作侵蚀不是单一因子的控制，通常是多因子共同作用的结果。对于机械耕作区而言，因其耕作工具的类型以铧式犁和旋耕机为主，其通常采用的耕作方向为等高耕作、顺-逆坡耕作，从已有的耕作侵蚀研究结果看，顺-逆坡板型犁耕作的耕作传输系数明显大于等高耕作的传输系数（表 7.3），牛拉犁和人力锄耕作时顺坡耕作明显比等高耕作的耕作传输系数大（表 7.5），花小叶在中国四川紫色土开展的不同坡度人工锄、牛拉犁和小型旋耕机耕作试验表明[108]，人工锄耕时各坡度不同耕作方向的耕作侵蚀速率特征为向下耕作＞向上耕作＞等高耕作；牛拉犁耕作在 15°以下时，不同耕作方向的耕作侵蚀速率特征为等高耕作＞向下耕作＞上下交替耕作，大于 15°以上时为向下耕作＞等高耕作＞上下交替耕作；旋耕机耕作各坡度等高耕作的耕作侵蚀速率大于上下耕作（表 7.2）。

在机械耕作区，就耕作方向而言，采取等高耕作更有利于减小耕作侵蚀，但是对于坡度较大的坡耕地，采用等高耕作容易引起机械侧翻，因此大多采用上下交替的耕作方式；在牛拉犁耕作时，通常采用上下交替耕作方式更有利于减小耕作侵蚀，而在人工锄耕作时，尽管采用向上耕作最有利于控制侵蚀，但也最费力，因此，通常采用等高耕作方式，省力且达到控制侵蚀的目的。

紫色土坡耕地因受农业生产发展影响，长期采用传统耕作工具（锄头）进行传统耕作方式（顺坡耕作），导致土壤向下坡位移而无向上坡位移，上坡土壤浅薄，耕作侵蚀严重。进入 21 世纪后，农业生产水平提高，小型旋耕机机械化耕作逐渐普及，旋耕机向上耕作引起的土壤向上位移可以抵消一部分向下坡运动的土壤，减小了耕作位移，已有的研究显示，旋耕机耕作比常规耕作（传统耕作工具）减少耕作侵蚀 85%以上[108]，因此，在紫色土区坡耕地，采用小型旋耕机耕作的区域可以上下交替耕作，比传统的锄耕更有利于减小耕作侵蚀，也更加高效。

第八章　耕作侵蚀的农业生产与环境效应

土壤侵蚀是岩石圈、大气圈、水圈和生物圈相互作用的结果，是环境演变的结果，其中自然侵蚀主要取决于自然环境的变化，而人类社会出现以来，人类活动作用于自然环境，特别是人类不合理的生产活动又对生态环境产生破坏，加速了侵蚀作用。因此，土壤侵蚀是自然和人类活动交互影响的结果。人类社会出现以来，土壤侵蚀的环境效应不仅对自然环境产生影响，也对人类社会经济系统产生深刻影响。单纯研究土壤侵蚀本身不利于解决环境问题，因为土壤侵蚀的各种类型都是通过对环境的影响而改变人类社会经济系统的。

第一节　耕作侵蚀的农业生态环境意义

一、土壤侵蚀的农业生态效应

土壤侵蚀是土壤及其母质在外营力的作用下被破坏、剥蚀、搬运和沉积的过程。土壤侵蚀不仅是对土壤及其母质的破坏流失，也是土壤肥力的损失，因此，土壤侵蚀是严重威胁农业生产和生态环境的主要环境问题。据联合国粮农组织资料，地球表面形成 2~3cm 厚的土壤可能需要长达 1000 年的时间，土壤资源来之不易；全世界土壤侵蚀每年导致 250 亿~400 亿 t 表土流失，导致作物产量、土壤的碳储存和碳循环能力、养分和水分明显减少，侵蚀造成谷物年产量损失约 760 万 t，如果不采取行动减少侵蚀，预计到 2050 年谷物总损失量将超过 2.53 亿 t，相当于减少了 150 万 km^2 的作物生产面积，几乎是印度的全部耕地[224]。土壤侵蚀直接或间接给农业、牧业和林业生产带来巨大损失。土壤侵蚀的产生和发展是外力作用的结果，受到人为因素的影响和制约，因此，人类可以通过改变某些因素进行控制。但是，只有深刻认识到土壤侵蚀的发生和发展规律，才能有效控制土壤侵蚀，以达到保持水土、改造自然的目的。

农业生产地域存在自然条件的差异，山区和平原地区的地形条件差异导致其土壤肥力存在明显差异。总的来说，山区的自然条件恶劣，自然植被稀少，水土流失严重，农牧业生产受自然条件的影响较大。土壤侵蚀的环境效应主要体现在三个方面。一是土壤肥力和质量的下降。在长期的强力侵蚀作用下，肥沃的土壤表层逐渐被剥蚀，土壤中的营养元素随着径流和泥沙大量流失，导致土壤肥力下降、土壤抗侵蚀能力降低，陷入土地生产能力降低、土壤抗侵蚀力进一步降低的恶性循环。当土壤侵蚀的速率大于土壤形成速率时，土壤侵蚀产生严重危害，土壤层厚度变薄、土壤质量下降、生产力降低。特别是一些山区，由于耕地面积不足，长期不合理地进行大面积陡坡地开垦，导致水土流失加剧，坡耕地肥力退化，生产力严重降低。已有大量的研究结果表明，土壤侵蚀会导致土壤中有机质、全氮、碱解氮和速效磷含量下降。二是植物生产力降低。土壤侵蚀的主要后果是土壤和水分的流失，直接作用对象是土壤，长期的土壤侵蚀作用下，土壤层厚度变薄、土壤肥力严重降低，影响植物的生长和发育，在农业上最直接的表现是对农作物生产力的影响。在全球尺度上，每年因土壤侵蚀导致的粮食减产量，谷物达 $1.9×10^8$t，大豆达 $6.0×10^6$t，根茎作物达 $7.3×10^7$t，其中亚洲、撒哈拉以南的非洲地区和热带部分地区的植物生产力受侵蚀影响最为严重[225]。三是土壤侵蚀对全球碳循环的影响。土壤中有机碳是有机质碳素的总称，也是有机质的核心元素。全球气候变化主要原因是全球碳排放，其中土壤中碳的释放是重要的来源。研究表明土壤有机碳含量小，只占土壤总量很小一部分，但是其对土壤结构、抗侵蚀力、生态环境和农业可持续发展有着重要作用。现有研究结果表明，土壤侵蚀整个过程（分离土壤、搬运和沉积过程）都对土壤有机碳产生影响。全球因侵蚀而发生迁移的有机碳为 $4.0\sim6.0$pg·a^{-1}，其中 20%被矿化分解为 CO_2 进入大气，即每年有 $0.8\sim1.2$pg 有机碳因侵蚀而被释放到大气中[226]。正是因为土壤侵蚀对土壤有机碳库影响巨大，土壤侵蚀作用下农田生态系统碳循环与碳平衡的变化规律研究才成为农业生产前沿研究领域。

二、耕作侵蚀的农业生产意义

自人类社会产生以来人类开始从事农业生产，土壤耕作就成为农业生产不可分割的部分，土壤耕作主要是解决农业生产中土壤生产力问题，长期以来开展了大量耕作方面的研究，主要是对耕作与污染理化性质、作物生长、土壤侵蚀及土壤中碳转化等的影响。农业生产中耕作的目的是为农作物提供良好的生长发育环境，保持粮食生产的可持续性，为人类提供赖以生存的各种农产品。但是在山区、丘陵区以及一些地形复杂而破碎的地区，多年的高强度耕作造成土壤大量迁移，造成严重的土壤侵蚀。耕作侵蚀在近三十年才被确定为坡耕地的一种主要侵蚀类型并被广泛关注。坡耕地耕作不仅引起土壤再分布，还使得土壤的理化性质——土壤质地、有机质、结构、养分浓度产生变化。农作物的产量和质量的空间差异与土壤质量的空间变化联系密切。土壤深度、土壤水分、pH、有机质含量会影响农作物的产量和质量。在地形起伏的耕地上，耕作和水力共同作用使得土壤生产力产生巨大变化，这种生产力的巨大变化主要体现为土壤理化性质、土壤养分和土壤厚度的空间差异，最终反映为对农作物的影响。

（一）地形破碎化

在地形起伏的坡耕地上，无论采用何种耕作工具，以及任何形式的耕作均会产生耕作侵蚀，耕作次数越多、深度越大，耕作侵蚀就越严重，危害也越大。耕作侵蚀在农田景观上导致坡耕地坡顶或坡地凸坡部位的土壤发生搬运，土壤层变薄，心土层出露地表，而在下坡或坡面凹部发生土壤堆积，土壤层变厚，养分堆积。在上下坡设置了植物篱的坡耕地上，长期的耕作侵蚀使得坡面海拔降低，地形更加平缓，可能将斜坡地形演变为水平台地[36]。

在复合坡地形上，长期耕作使得凸坡部分母岩出露，甚至演变为完全没有生产力的荒地，使得农业生产性土地地块破碎化；在线性坡上，长期耕作侵蚀使得坡顶土壤变薄甚至出露母岩，生产性土地面积减小。耕作侵蚀这种对生产性土地面积的破坏在土壤浅薄的山区坡耕地上危害性极其严重。

(二)土壤质量降低

坡耕地耕作侵蚀对土壤质量的影响主要是通过侵蚀引起的土壤再分布空间变化来改变土壤质量的空间变异。耕作侵蚀引起复合坡上土壤从坡凸部流失，而在凹部沉积；线性坡上，土壤从坡地中上部流失，在下部堆积。国内外的研究表明，耕作侵蚀导致侵蚀区有机质及土壤养分含量减少，理化性质整体变差(质地变粗，结构变差低肥力的亚表土出露)，在堆积区，土壤层变厚，有机质及土壤养分含量增加，理化性质总体变好[227]。因此，耕作侵蚀这种现象使得坡耕地景观在土壤质量上体现出明显的不均衡性，导致土壤生产力分布的不均衡性，不可避免地影响农业生产的高效性和生产力。由于坡耕地地表起伏较大，长期的耕作侵蚀将大量土壤从坡顶或凸部搬运至相对低矮的部位，这些区域更容易产生水蚀，导致大量的土壤和养分从农田的坡地地块流失，造成坡地上土壤养分发生空间变化，并形成养分流失。

(三)土壤碳库的空间变异

农田土壤中碳库变好不仅影响土壤质量，也关系到全球气候问题。农田生态系统碳库的研究已成为陆地生态系统研究的热点，耕作活动作为耕地上最主要的人为活动，研究其对土壤碳库的影响早已开始。诸多相关的耕作研究结果表明，耕作侵蚀导致坡面土壤再分布使得表土有机碳在耕作侵蚀区浓度降低，而在沉积区增高[18]。在四川紫色土区耕作侵蚀试验结果也表明，短坡上有机碳由耕作侵蚀控制其分布，在长坡上上坡有机碳含量降低，在下坡耕作侵蚀和水蚀工作作用造成的有机碳增加比单纯水蚀造成的有机碳含量增幅更大，表明耕作侵蚀增加了下坡有机碳含量[227]，可见坡耕地耕作侵蚀影响了坡面有机碳的再分布格局，加大了侵蚀区土壤碳库的损失和沉积区土壤碳库的累积。在人类活动干扰下土壤中有机碳的动态变化过程造成土壤二氧化碳损失，减小了土壤碳库。

(四)作物产量

耕作侵蚀对农业生产的直接影响是影响了坡耕地上农作物的产量。前述已经表明，耕作侵蚀导致坡面土壤肥力空间差异，上坡土壤肥力和质量严重下降，而在下坡土壤肥力增加。但是在水蚀作用下，增加了坡耕地上的土壤营养元素流失，因此耕作侵蚀使得坡耕地土壤肥力降低，质量下降，必然造成农作物产量整体水平降低。国外关于耕作侵蚀与农作物产量的大量研究表明，耕作侵蚀会造成耕地农作物产量不同程度降低[88, 91, 228, 229]。

无论如何，坡耕地上耕作侵蚀对农作物产量的影响主要是通过改变土壤厚度、土壤营养元素等土壤质量的空间再分布来实现的，有学者建立了耕作侵蚀与作物产量间的函数关系式表明，随着耕作侵蚀速率的增加，作物产量降低[140]。从空间分布来说，耕作侵蚀通常造成上坡位的作物减产，也就是说使得侵蚀区的作物减产，但是在养分沉积区的作物并不一定会明显增产；另外，中国四川紫色土区研究结果发现，多次耕作后侵蚀区降低的产量明显大于沉积区增加的产量，使得坡面平均产量降低[229]。坡耕地耕作侵蚀引起的农作物整体产量降低已经是一个普遍现象，也是山区农业突出的矛盾。山区坡耕地地块短小而分散，陡坡地较多，经济发展滞后，农业投入不足，农业生产水平低下，劳动力不足，因此推行以减小侵蚀为目的的耕作方式难度较大，这种人地矛盾使得耕作方式多以传统耕作方式为主，长期强烈的耕作导致土壤侵蚀严重，影响山区农作物产量的提高。

三、耕作侵蚀的水土环境意义

(一)上坡位水土环境

耕作侵蚀在坡耕地上导致的土壤再分布一方面使得土壤在坡面上产生空间变化，在翻耕过程中，耕作工具使心土层土壤被翻到表土层，而表土层被覆盖到心土层，这种耕作过程的翻耕作用使土壤在垂直方向上不断混合；另一方面在顺坡方向上，土壤通常由上坡向中坡和下坡迁移，在长期的耕作活动中，上坡整个土壤层均可能发生顺坡迁移，这种坡面土壤再分布是一种较为彻底的变化。就上坡而言，坡面土壤层往往变薄，甚至母岩出露，但是在现实中这种情况较少发生，原因有两点：一是农业生产中一旦上坡土壤层明显变薄，影响作物种植，耕作者会将一部分土壤从附近位置搬运到土壤层较薄的区域，以保证农业生产需要；二是随着上坡土壤层变薄，耕作工具可能明显接触到母岩，在耕作过程中，耕作工具对母岩不断的作用使得母岩破碎化，在翻转过程中使破碎化的母质被翻到表层，随着物理、化学和生物风化的综合作用，这些母质很快会形成土壤，这种人为的耕作成土过程使上坡土壤不断被补充，以保证上坡土壤层在耕作侵蚀作用下不至于影响农业耕种。

(二)下坡位水土环境

耕作侵蚀对中下坡的影响主要体现在与水蚀的相互作用上。坡面上由于径流的汇流过程需要一定的时间和距离，因此，通常在坡面的中下坡产生明显的水蚀，耕作侵蚀导致中下坡发生沉积，在水蚀作用下，更多的土壤被搬运出地块，已有的研究表明，耕作侵蚀为水蚀提供更多物源，导致坡面土壤侵蚀增大。另外在一些水蚀较强的坡面上，下坡常常形成细沟地形，这种径流通道通常在农业活动中被耕作填平，在耕作填平过程中，更多松散土壤进入这种细沟当中，这种细沟本身也是径流的通道。当坡面再次发生径流时，径流常沿着原有通道运动，会带走更多的土壤，因此进一步增大了坡面侵蚀，坡面下坡位这种耕作侵蚀和水蚀的相互促进机制明显增大了坡面土壤侵蚀。

地块化分布是山区坡耕地的一个典型特征，为了有效阻止坡面土壤侵蚀搬运出地块，通常在地块坡脚位置修筑地埂或者设置植物篱以阻挡土壤搬运出地块。在地埂或植物篱的阻挡作用下，坡面土壤会在下坡部位大量堆积起来，地埂会越来越高，植物篱的作用有限，更多采取地埂或者土坎使下坡的坡面形态趋于平缓，土壤层厚度更加厚实。

（三）养分特征

耕作侵蚀加剧了坡面土壤性质在景观内的变异，引起坡耕地土壤再分配，导致土壤质量在空间上产生变化，造成土壤养分在坡面发生运动。目前，关于耕作侵蚀引起坡面土壤养分变化的主要观点是造成氮、磷等营养元素流失，土地生产力下降及农业面源污染问题，水土营养元素富集，阻碍农业可持续发展。目前国外关于耕作侵蚀导致的土壤养分变化的主要观点是侵蚀坡位的碳、氮、磷等营养元素损失殆尽，而在沉积坡位发生富集[52]。另外，耕作侵蚀导致侵蚀部位有机碳流失，加剧了坡耕地碳损失，从另外一个角度则认为耕作导致沉积区堆积了更多的碳，形成碳库，同时深耕可将表层的富含有机质的土壤翻埋至深层，增加碳汇[90]。中国黄土高原地区的耕作侵蚀研究结果表明耕作侵蚀导致坡面土壤中速效氮，速效磷减少，在下坡位累积[140]，在耕作侵蚀和水蚀的共同作用下，黄土地区每年流失 SOC 达 $10.65t \cdot hm^{-2}$。中国西南紫色土区的耕作侵蚀试验结果发现，多次耕作后，上坡位置的 SOC、有效磷损耗殆尽，而坡脚位置则明显增加[13]。可见，耕作侵蚀对土壤中有机质、氮、磷、钾等营养元素具有重要影响，造成坡耕地景观内上坡土壤养分直接降低，下坡及坡脚位置堆积，使得其土壤中的养分处于过剩状态，降雨时在中下坡径流侵蚀作用下，其被淋溶并随径流迁移出坡耕地，从而使得整个坡面土壤肥力降低，同时，对农田沟道系统和河流、湖库的水体产生富营养化，对环境造成污染。

第二节　控制耕作侵蚀的生态环境效益

耕作侵蚀导致坡耕地土壤发生再分布，土壤层厚度产生空间差异，土壤性质变化，引起坡耕地土壤质量发生空间变异，土壤肥力下降，土壤质量整体降低，土地生产能力下降，最终导致耕地的农作物产量下降，影响农业生产的可持续性发展，同时引起一系列的农业生态环境问题。为了稳定坡耕地土壤质量和土地生产力，提高坡耕地农业生产效率，提高农业生产环境，需要采取切实有效的措施控制坡耕地耕作侵蚀，从整个坡面角度对耕作侵蚀与水蚀乃至整个坡面系统进行整体设计，以期系统控制耕作侵蚀产生的农业生态环境问题。

一、地形因子控制效益

控制坡耕地耕作侵蚀的地形因子主要包括坡度、坡长和坡型，通过控制在耕作活动过程中坡度、坡型和坡长以减小耕作侵蚀造成的生态环境效应。根据已有研究结果，耕作侵蚀速率随坡度的增加而增加，不像坡面水蚀一样存在临界值，因此，坡耕地控制耕作侵蚀主要在于最大限度地减小耕地坡度，但现实中坡耕地分布较广，耕地资源有限，不可能仅选择平缓坡地，对于一些坡度较大的耕地也不可避免地要进行耕种。因此，通常采用工程措施改变微地形，主要是采用坡改梯方式进行土地整理。根据坡耕地的地理位置和立地条件，通过土地整理工程将坡耕地改造为水平梯田、坡式梯田和反坡梯田[79]。水平梯田的坡度平缓，趋于水平，有效解决了坡度问题，水平梯田一般是顺应坡耕地的坡度改造而成，其田坎高度和坡度相适应，即坡度越大，田坎高度越高，在坡度较陡的坡耕地山区，通常改造的水平梯田的地块相对较窄而狭长，顺应等高线而延长，适宜种植水稻和旱作、果树等。坡式梯田是顺坡向保持一定间距沿等高线修筑而成的梯田，这种梯田坡度相对较缓，主要种植耐旱作物、果树等，依靠逐年耕作、径流冲淤逐渐变缓，最终可形成水平梯田，这主要是水平梯田的一种过渡形式，目前山区坡耕地在未改造前主要是坡式梯田。另外，反坡梯田主要是在坡改梯时最大限度地减小坡度的影响，天面微向内侧倾斜，反向坡度较缓（0°～5°），能增加田面的蓄水量，暴雨时过多的径流可以在内侧累积或者排走，反式梯田一般适用于缺水的北方地区，适宜旱作和栽植果树。

　　无论将坡耕地改造成水平梯田、坡式梯田还是反坡梯田，主要目的是最大限度地减小坡度的土壤侵蚀影响；为了节约成本，提高梯田稳定性，最大限度地防止水土流失，坡改梯后，梯田田坎通常种植根系发达的植物，建立植物篱。坡改梯的生态环境效应主要体现在坡度减缓后减少了坡面土壤流失，特别是减少了因坡度较大而产生的坡面土壤位移，使得坡面土壤层厚度变异减小，养分的空间分布变化减小，整个地块的养分流失大幅降低；另外地块边界的田坎最大限度阻拦了耕作侵蚀造成的坡面土壤搬运出地块，地块中的养分最大限度地保留在地块中而不会被大量带出地块，田坎上的植物篱一方面加固了田坎，另一方面增强了田坎的保水保肥功能。

　　地形因子中坡长越长造成的耕作侵蚀越小，因此控制耕作侵蚀主要以增大坡长为目的，农业生产中增大坡长通常用合并地埂的方式，即将零星地块进行合并，主要采取工程措施进行改造。前述研究表明，在理论上坡度越小、坡长越长的坡耕地产生的耕作侵蚀速率越低，这种方式减小了耕作侵蚀，但坡长延长其坡面汇水面积且距离增大，其径流量也相应增大，水蚀不可避免地增加，一定程度上加大了坡面土壤侵蚀。就坡型来说，分为线性坡和复合坡，其中复合坡分为凸形、凹形、S 形等。

二、耕作方式控制水土效益

　　控制耕作侵蚀的主要耕作方式有耕作方向、耕作深度、耕作速度和强度。在农业生产中，为了有效控制耕作侵蚀，通常采用几个因子共同控制，以达到最大效果。控制坡耕地耕作侵蚀的耕作方向选择主要根据耕作工具判断，在机械化耕作区，通常采用上下交替耕作，而不是单项向上耕作或者等高耕作，在地块较小的坡耕地上进行等高耕作难度较大，不利于机械化耕作。上下机耕一方面减小耕作侵蚀，另一方面对坡面水蚀产生作用，主要是利用耕作工具在土壤中沿坡面方向形成疏松的通道，增大降雨入渗，有利于雨水进入土壤，形成地下径流，从而降低坡面水蚀作用。另外，增强雨水入渗的同时有利于土壤养分进入土壤沉积，而非沿地表径流排出地块。然而水分条件差的干旱半干旱地区，蒸发量较大，采用这种顺坡上下机耕可能不利于水土保持，长期采用可能会促进土壤水分蒸发，不利于水分储藏。

在非机械化耕作区，在坡耕地上采用畜力耕作，受坡度影响，采用上下耕作难以控制耕作工具，动力消耗大，效率低下，因此通常采用等高耕作，省力又有利于减小耕作侵蚀。人力锄耕可采用多种方向控制耕作侵蚀，比如采用逆坡耕作或者等高耕作。在坡耕地上进行人力锄耕，耕作者更多的是考虑耕作效率和省力，在控制耕作侵蚀方面考虑较少，一般不采用逆坡耕作，这种方式费力、效率低下。因此多采用顺坡耕作，效率高，耕作深度大，即便造成明显的耕作侵蚀，上坡土壤流失明显，也只是采用随机将下坡土壤临时补充到土壤损失较大的地区或者在土壤损失区域附件进行补充。目前，耕作者更多采用折中的耕作方向即等高耕作，既控制了耕作侵蚀，又不费力，还解决了效率低下问题。

耕作深度主要受到耕作工具、土壤性质、动力源以及农业生产需要的影响。尽管为了控制耕作侵蚀量，通常不建议耕作过深，但是在农业生产实践中，在不考虑土壤性质的情况下，人力锄耕耕作深度一般不超过 0.2m，而畜力耕作和机械耕作通常可以控制耕作深度。现实中农业生产不是每次耕作都要越深越好，长期保持过深的耕作深度不利于作物生长进行肥力的吸收，而且可能导致土壤肥力积淀过深，使土壤肥力浪费；反之如果长期不进行深耕，容易使土壤板结，不利于作物根系发展，影响作物生长；另外，板结土壤在施肥时，在雨水作用下容易导致肥料在坡面流失，不利于肥料在土壤中沉淀。因此，为了控制耕作造成的侵蚀，增强水土效应，在农业生产中通常浅耕和深耕作配合使用，如浅耕两年再深耕一次。

为了控制耕作侵蚀，减少耕作次数或强度是最好的方式，但种植庄稼过程中，耕作是必不可少的环节。如何做到既满足农业生产需要，又有利于控制水土流失，控制合理的耕作强度是一个重要课题。当前，农业生产中普遍采用免耕的方式，通常在庄稼收割后，第二年不再翻耕直接进行种植，或者说在播种之前不进行耕作。免耕的主要作用是尽量减少土壤扰动，减少土壤水分蒸发，保留田间秸秆覆盖土壤，减小坡面水蚀力。因此，免耕不仅有利于增大土壤中有机物含量，增强土壤肥力，防止土壤流失，而且可以减少土壤水分，提高农田生物多样性。

三、耕作工具控制效益

随着社会经济高速发展，科技水平越来越高，在农业生产中，耕作工具也更加趋向于自动化或智能化。当前农业生产中，随着农村劳动力大量转出，采用机械化耕作也是普遍的趋势。就农业生产而言，效率高、可节约投入是机械化耕作的最大优点。在坡耕地分布较多的山区，地块相对破碎，采用大型机械化耕作难度较大，一种解决办法是进行大量土地整理，将破碎化的坡耕地进行连片，降低坡度，利于机械化耕作；另一种是研发适合山区耕作的小型机械，解决坡度大、地块破碎化问题。就中国西南山区农业而言，小型旋耕机已开始推广。从水土效应来说，在紫色土区坡耕地，采用小型旋耕机耕作的区域可以上下交替耕作，比传统的锄耕更有利于减小耕作侵蚀，也更加高效。

第三节　控制耕作侵蚀的农业经济效益

农业生产中，控制坡耕地耕作侵蚀一方面有利于减少坡面水土流失，实现坡耕地水土保持，提高土壤质量和环境，提高土地生产力；另一方面有利于控制耕作侵蚀，采用合理的耕作措施和手段，在提高土壤质量和土地生产力基础上减小农业生产投入，增加农业产出效率，提高农业生产效率。国内外的耕作侵蚀研究结果表明耕作可导致坡面不同程度的农作物减产，耕作侵蚀导致的农作物减产经济损失巨大。

一、土地整理的农业经济效益

目前，从减小耕作侵蚀的角度看，土地整理的具体措施包括坡改梯、薄改厚、增厚土层、地埂改造、沟渠改造和道路系统改造等，其中一些措施不是直接有效减小耕作侵蚀，而是改善对地块周边环境从而便于利用机械化耕作。增厚因耕作侵蚀导致的土壤层变薄区域的土层厚度，以减少耕作侵蚀的危害。通过土地整理项目建设可以增强坡耕地抗土壤侵蚀能力，提高农业生产的抗灾能力。

土地整理构建了新的生态环境，构建了"坡地梯田化、林地规模化、灌排设施化、种植多样化"的现代农业生态园。土地整理对农村生活环境的影响主要是提高土地生产能力，提高庄稼产量，解决大国粮食生产问题；带动农村社会经济发展，减小坡耕地面积，增加农田的面积，提高土地生产效率，推动现代农业发展。

土地整理减小了坡耕地的坡度，增加了平缓耕地的数量和面积，耕地质量显著提高；另外，将碎片化的地块进行合并，耕地数量增加，耕地质量提高，产量比原有的坡耕地土地产量提高较多，整理后的农业生产经济效益更高。

坡改梯工程在农业生产实践中已被证实是生态效益与经济效益兼顾、社会效益最有效的坡耕地治理措施。坡改梯工程既是农村水土保持生态环境建设的主体工程，也是农村经济发展的基础工程，一方面有利于提高粮食产量，保障粮食安全，另一方面促进产业结构的调整，促进特色产业开发，开辟增收新途径。合理的坡改梯能有效控制水土流失，从而较大幅度提高土地生产力和粮食增产。

二、保护性耕作的农业经济效益

从控制耕作侵蚀的角度，保护性耕作措施主要包括控制耕作侵蚀的等高耕作、向上耕作等耕作方向，减小耕作深度，减少耕作次数或免耕秸秆还田等措施。主要目的是增加土地粗糙度、改善土壤结构、提高土壤肥力和透水储水能力，还有拦截降雨，减小水分蒸发，减小土壤的流失，提高土地生产能力，达到高产的目的。

保护性耕作中以改变微地形为主的耕作反向改变（如等高耕作、向上耕作）有利于减小耕作侵蚀，减小坡面水土流失。以改变土壤物理性状为主的少耕（含少耕覆盖、少耕深松）、免耕等措施主要是减少耕作次数，减小耕作侵蚀。以增加地面覆盖为主的覆盖耕作，实际也是通过根系对土壤的固结作用以减小耕作侵蚀。

三、机械改造与创新的农业经济效益

耕作工具是土壤发生耕作位移，导致耕作侵蚀的一个重要因素，已有的研究表明非机械化的农业耕作工具造成的耕作侵蚀更严重[44, 230]，因此对现有耕作工具进行创新和改造不仅能有效减小土壤侵蚀，也能有效改变土壤质量，控制作物减产，这对非机械化耕作区的农业生产具有重要意义。

保护性耕作技术是农业重点推广技术之一，机械化保护性耕作作为一种新型的农业机械化信息技术，最近几年在我国大部分地区已开始推广，特别是一些山区开展土地整理之后，使得该项技术在山区大面积推广成为可能。机械化保护性耕作的农业经济效益主要体现在以下几方面[231]。①减少水土流失，增加土壤蓄水保墒能力。保护性耕作地表通过作物残茬覆盖，可减少水土流失，也可减少土壤中的有机质、氮磷钾流失，最终减少施用肥料的农业投入。北方地区的旱作农业区可减少作物生长大量需水时的水分蒸发。②增加土壤有机质含量，减少环境污染。农村秸秆处理是农业生产一大难题，焚烧秸秆容易产生环境问题。作物秸秆覆盖地表有效降低土壤侵蚀，增加土壤有机质氮磷钾和微量元素的含量，改善土壤结构，提高土壤肥力，从而在农业生产上减少控制水土保持的经济投入和施用肥料投入。③增产效果明显。保护性机械化耕作试验表明，保护性耕作地块的经济效益比常规非机械化耕作的产量高。

参 考 文 献

[1] 李融德, 吴贵民, 曹敏章. 土壤与耕作[M]. 北京: 中国农业出版社, 1985.

[2] 中华人民共和国农业部. 农业生产技术基本知识(1)[S]. 北京: 中国农业出版社, 1962.

[3] 孙耀邦. 土壤耕作技术与应用[M]. 北京: 中国农业出版社, 1996.

[4] Mech S J, Free G R. Movement of soil during tillage operation[J]. Agricultural Engineering, 1942, 23: 379.

[5] Lindstrom M J, Lobb D A, Schumacher T. Tillage erosion: an overview[J]. Annals Arid Zone, 2001, 40(3): 337.

[6] Lindstrom M J, Nelson W W, Schumacher T E. Quantifying tillage erosion rates due to moldboard plowing[J]. Soil and Tillage Research, 1992, 24(3): 243-255.

[7] Govers G, Lobb D A, Quine T A. Tillage erosion and tillage translocation[J]. Soil and Tillage Research, 1999, 51(Special Issue): 167-357.

[8] 王占礼. 黄土坡耕地耕作侵蚀及其效应研究[D]. 杨凌: 西北农林科技大学, 2002.

[9] Zhang J H, Lobb D A, Li Y, et al. Assessment of tillage translocation and tillage erosion by hoeing on the steep land in hilly areas of Sichuan, China[J]. Soil and Tillage Research, 2004, 75(2): 99-107.

[10] Zhang J H, Frielinghaus M, Tian G, et al. Ridge and contour tillage effects on soil erosion from steep hill slopes in the Sichuan Basin, China[J]. Journal of Soil and Water Conservation, 2004, 59(6): 277-283.

[11] Zhang J H, Wang Y, Zhang Z H. Effect of terrace forms on water and tillage erosion on a hilly landscape and tillage erosion on a hilly landscape in the Yangtze River Basin, China[J]. Geomorphology, 2014, 216: 114-124.

[12] Lindstrom M, Schumacher J, Schumacher T E. TEP: A tillage erosion prediction model to calculate soil translocation rates from tillage[J]. Journal of Soil and Water Conservation, 2000, 55: 105-108.

[13] 张建辉, 李勇, David A Lobb, 等. 我国南方丘陵区土壤耕作侵蚀的定量研究[J]. 水土保持学报, 2001, 15(2): 1-4.

[14] 王占礼, 邵明安, 雷廷武. 黄土区耕作侵蚀及其对总土壤侵蚀贡献的空间格局[J]. 生态学报, 2003, 23(7): 1328-1335.

[15] 王勇. 耕作侵蚀对紫色土坡耕地水蚀的作用机制[D]. 北京: 中国科学院大学, 2015.

[16] Wang Y, Zhang J H, Zhang Z H. Influences of intensive tillage on water-stable aggregate distributions on a steep hillslope[J]. Soil and Tillage Research, 2015, 151: 82-92.

[17] 王占礼, 邵明安. 黄土坡地耕作侵蚀对土壤养分影响的研究[J]. 农业工程学报, 2002, 18(6): 63-67.

[18] Quine T, Zhang Y. An investigation of spatial variation in soil erosion, soil properties, and crop production within an agricultural field in Devon, United Kingdom[J]. Journal of Soil and Water Conservation, 2002, 57: 55-65.

[19] Li Y, Tian G, Lindstrom M J, et al. Variation of surface soil quality parameters by intensive donkey-drawn tillage on steep slope[J]. Soil Science Society of America Journal, 2004, 68(3): 907.

[20] Wang Y, Zhang Y, Xian Y, et al. Horizontal and vertical variations in soil fertility in response to soil translocation due to tillage-induced erosion on sloping cropland[J]. Catena, 2024, 242.

[21] Kosmas C, Gerontidis S, Marathianou M, et al. The effects of tillage displaced soil on soil properties and wheat biomass[J]. Soil

and Tillage Research, 2001, 58(1-2): 31-44.

[22] Papiernik S K, Lindstrom M J, Schumacher J A, et al. Variation in soil properties and crop yield across an eroded prairie landscape[J]. Journal of Soil and Water Conservation, 2005, 60(6): 388-395.

[23] Zhang J H, Nie X J, Su Z A. Soil profile properties in relation to soil redistribution by intense tillage on a steep hillslope[J]. Soil Science Society of America Journal, 2008, 72(6): 1767-1773.

[24] Li S, Lobb D A, Lindstrom M J, et al. Modeling tillage-induced redistribution of soil mass and its constituents within different landscapes[J]. Soil Science Society of America Journal, 2008, 72(1): 167-179.

[25] Lobb D A, Kachanoski R G, Miller M. Tillage translocation and tillage erosion in the complex upland landscapes of south western Ontario[J]. Soil and Tillage Research, 1999, 51: 189-209.

[26] Heckrath G, Djurhuus J, Quine T A, et al. Tillage erosion and its effect on soil properties and crop yield in Denmark[J]. Journal of Environmental Quality, 2005, 34(1): 312-324.

[27] Garrity D P. Tree-soil-crop interactions on slopes[A]. In: Ong, C. K. , Huxley, P.(Eds.).

[28] Poesen J, van Wesemael B, Govers G, et al. Patterns of rock fragment cover generated by tillage erosion[J]. Geomorphology, 1997, 18(3): 183-197.

[29] Dercon G, Govers G, Poesen J, et al. Animal-powered tillage erosion assessment in the southern Andes region of Ecuador[J]. Geomorphology, 2007, 87(1): 4-15.

[30] Lobb D A, Kachanoski R G, Miller M H. Tillage translocation and tillage erosion on shoulder slope landscape positions measured using ^{137}Cs as a tracer[J]. Canadian Journal of Soil Science, 1995, 75(2): 211-218.

[31] Zhang S L, Zhang X Y, Huffman T, et al. Influence of topography and land management on soil nutrients variability in Northeast China[J]. Nutrient Cycling in Agroecosystems, 2011, 89(3): 427-438.

[32] Wang Y, Zhang J H, Zhang Z H, et al. Impact of tillage erosion on water erosion in a hilly landscape[J]. Science of the Total Environment, 2016, 552: 522-532.

[33] Van Muysen W, Van Oost K, Govers G. Soil translocation resulting from multiple passes of tillage under normal field operating conditions[J]. Soil and Tillage Research, 2006, 87(2): 218-230.

[34] Jia L Z, Zhang J H, Zhang Z H, et al. Assessment of gravelly soil redistribution caused by a two-tooth harrow in mountainous landscapes of the Yunnan-Guizhou Plateau, China[J]. Soil and Tillage Research, 2017, 168: 11-19.

[35] Li F C, Jiang R T, Ju L. Influences of tillage operations on soil translocation over sloping land by hoeing tillage[J]. Archives of Agronomy and Soil Science, 2018, 64(3): 430-440.

[36] Zhang J H, Jia L Z, Zhang Z H, et al. Effect of the soil-implement contact area on soil translocation under hoeing tillage[J]. Soil and Tillage Research, 2018, 183: 42-50.

[37] Olson K R, Jones R L, Gennadiyev A N, et al. Accelerated soil erosion of a Mississippian mound at cahokia site in Illinois[J]. Soil Science Society of America Journal, 2002, 66(6): 1911-1921.

[38] 贾立志. 横断山区耕作侵蚀强度分级及主要影响因子临界值确定[D]. 北京: 中国科学院大学, 2017.

[39] 李富程, 花小叶, 赵丽, 等. 紫色土坡地犁耕方向对耕作侵蚀的影响[J]. 水土保持学报, 2015, 29(6): 35-40.

[40] Nyssen J, Poesen J, Haile M, et al. Tillage erosion on slopes with soil conservation structures in the Ethiopian highlands[J]. Soil and Tillage Research, 2000, 57(3): 115-127.

[41] De Alba S, Borselli L, Torri D, et al. Assessment of tillage erosion by mouldboard plough in Tuscany(Italy)[J]. Soil and Tillage Research, 2006, 85(1-2): 123-142.

[42] Torri D, Borselli L. Clod movement and tillage tool characteristics for modeling tillage erosion[J]. Journal of Soil and Water Conservation, 2002, 57(1): 25-28.

[43] Zhang J H, Li F C. Soil redistribution and organic carbon accumulation under long-term (29 years) upslope tillage systems[J]. Soil Use and Management, 2013, 29(3): 365-373.

[44] Quine T A, Walling D E, Chakela Q K, et al. Rates and patterns of tillage and water erosion on terraces and contour strips: evidence from caesium-137 measurements[J]. Catena, 1999, 36(1-2): 115-142.

[45] Van Muysen W, Govers G, Van Oost K, et al. The effect of tillage depth, tillage speed, and soil condition on chisel tillage erosive[J]. Journal of Soil and Water Conservation, 2000, 55(3): 355-364.

[46] Quine T A, Basher L R, Nicholas A P. Tillage erosion intensity in the South Canterbury down lands, New Zealand[J]. Soil Research, 2003, 41(4): 789-807.

[47] Govers G, Vandaele K, Desmet P, et al. The role of tillage in soil redistribution on hillslopes[J]. European Journal of Soil Science, 1994, 45(4): 469-478.

[48] Turkelboom F, Poesen J, Ohler I, et al. Assessment of tillage erosion rates on steep slopes in northern Thailand[J]. Catena, 1997, 29(1), 29-44.

[49] Junge B, Mabit L, Dercon G, et al. First use of the ^{137}Cs technique in Nigeria for estimating medium-term soil redistribution rates on cultivated farmland[J]. Soil and Tillage Research, 2010, 110(2): 211-220.

[50] Zhang J H, Quine T A, Ni S J, et al. Stocks and dynamics of SOC in relation to soil redistribution by water and tillage erosion[J]. Global Change Biology, 2006, 12(10): 1834-1841.

[51] Sharifat K, Kushwaha R L. Soil translocation by two tillage tools[J]. Canadian Agricultural Engineering, 1997, 39(2): 77-84.

[52] 李富程, 花小叶, 江仁涛, 等. 紫色土坡地土壤性质对耕作侵蚀的影响[J]. 水土保持通报, 2016, 36(4): 152-157.

[53] Montgomery J A, Mc Cool D K, Busacca A J, et al. Quantifying tillage translocation and deposition rates due to moldboard plowing in the Palouse region of the Pacific Northwest, USA[J]. Soil and Tillage Research, 1999, 51(3/4): 175-187.

[54] 许海超, 张建辉, 戴佳栋, 等. 耕作侵蚀研究回顾和展望[J]. 地球科学进展, 2019, 34(12): 1288-1300.

[55] Papendick R I, Miller D E. Conservation tillage in the Pacific Northwest[J]. Journal of Soil and Water Conservation, 1977, 32: 40-56.

[56] Kachanoski R G, Rolston D E, de Jong E. Spatial variability of a cultivated soil as affected by past and present microtopography[J]. Soil Science Society of America Journal, 1985, 49(5): 1082-1087.

[57] De Jong E, Begg C B M, Kachanoski R. Estimates of soil erosion and deposition for some Saskatchewan soils[J]. Canadian Journal of Soil Science, 1983, 63(3): 607-617.

[58] Verity G E, Anderson D W. Soil erosion effects on soil quality and yield[J]. Canadian Journal of Soil Science, 1990, 70(3): 471-484.

[59] Govers G, Quine T A, Desmet P J J, et al. The relative contribution of soil tillage and overland flow erosion to soil redistribution on agricultural land[J]. Earth Surface Processes and Landforms, 1996, 21(10): 929-946.

[60] 王占礼. 耕作侵蚀研究项目进展[J]. 水土保持通报, 2001, 21(1): 34.

[61] Van Muysen W, Govers G, Van Oost K. Identification of important factors in the process of tillage erosion: the case of moldboard tillage[J]. Soil and Tillage Research, 2002, 65(1): 77-93.

[62] Van Oost K, Govers G, Van Muysen W, et al. Modeling translocation and dispersion of soil constituents by tillage on sloping land[J]. Soil Science Society of America Journal, 2000, 64(5): 1733-1739.

[63] Bazzoffi P. Integrated photogramnetric-celerimetric analysis to detect soil translocation due to land levelling[C]// Presented at 12″ International Soil Conservation Organization Conference. Bejing, China, 2002: 302-307.

[64] Zhang J H, Su Z A, Nie X J. An investigation of soil translocation and erosion by conservation hoeing tillage on steep lands using a magnetic tracer[J]. Soil Tillage Research, 2009, 105(2): : 177-183.

[65] Ni S J, Zhang J H. Variation of chemical properties as affected by soil erosion on hillslopes and terraces[J]. European Journal of Soil Science, 2007, 58(6): 1285-1292.

[66] Wang Y, Zhang Z H, Zhang J H, et al. Effect of surface rills on soil redistribution by tillage erosion on a steep hillslope[J]. Geomorphology, 2021, 380(1): 7-9.

[67] Van Oost K, Govers G, Desmet P. Evaluating the effects of changes in landscape structure on soil erosion by water and tillage[J]. Landscape Ecology, 2000, 15(6): 577-589.

[68] 赵鹏志, 陈祥伟, 王恩姮. 黑土坡耕地有机碳及其组分累积——损耗格局对耕作侵蚀与水蚀的响应[J]. 应用生态学报, 2017, 28(11): 3634-3642.

[69] Zhang J H, Ni S J, Su Z A. Dual roles of tillage erosion in lateral SOC movement in the landscape[J]. European Journal of Soil Science, 2012, 63(2): 165-176.

[70] 巨莉, 李富程. 旋耕机耕作对紫色土碳氮垂直分布过程的影响[J]. 水土保持研究, 2019, 26(5): 7-13.

[71] Nie X J, Zhang H B, Su Y Y. Soil carbon and nitrogen fraction dynamics affected by tillage erosion[J]. Scientific Reports, 2019, 9(1): 1-8.

[72] VandenBygaart A J, Kroetsch D, Gregorich E G, et al. Soil C erosion and burial in cropland[J]. Global Change Biology, 2012, 18(4): 1441-1452.

[73] Ritchie J C, Mc Henry J R. Fallout ^{137}Cs in cultivated and noncultivated North Central US watersheds[J]. Journal of Environmental Quality, 1978, 7(1): 40-44.

[74] Brown R B, Cutshall N H, Kling G F. Agricultural erosion indicated by ^{137}Cs redistribution I. levels and distribution of ^{137}Cs activity in soils[J]. Soil Science Society of America Journal, 1981, 45(6): 1184-1190.

[75] De Jong E, Villar H, Bettany J R. Preliminary investigation on the use of ^{137}Cs to estimate erosion in Saskatchewan[J]. Canadian Journal of Soil Science, 1982, 62(4): 673-683.

[76] Turkelboom F, Poesen J, Ohler I, et al. Reassessment of tillage erosion rates by manual tillage on steep slopes in northern Thailand[J]. Soil and Tillage Research, 1999, 51(3-4): 245-259.

[77] Fiener P, Wilken F, Aldana-Jague E, et al. Uncertainties in assessing tillage erosion—How appropriate are our measuring techniques?[J]. Geomorphology, 2018, 304: 214-225.

[78] Lindstrom M J, Nelson W W, Schumacher T E, et al. Soil movement by tillage as affected by slope[J]. Soil and Tillage Research, 1990, 17(3-4): 255-264.

[79] Li S, Lobb D A, Lindstrom M J. Tillage translocation and tillage erosion in cereal-based production in Manitoba, Canada[J]. Soil and Tillage Research, 2007, 94(1): 164-182.

[80] Tiessen K H D, Mehuys G R, Lobb D A, et al. Tillage erosion within potato production systems in Atlantic Canada[J]. Soil and Tillage Research, 2007, 95(1-2): 308-319.

[81] Logsdon S D. Depth dependence of chisel plow tillage erosion[J]. Soil and Tillage Research, 2013, 128: 119-124.

[82] Li S, Lobb D A, Tiessen K H D, et al. Selecting and applying cesium-137 conversion models to estimate soil erosion rates in cultivated fields[J]. Journal of Environmental Quality, 2010, 39(1): 204-219.

[83] Van Oost K, Govers G, Van Muysen W. A process-based conversion model for Caesium-137 derived erosion rates on agricultural land: an integrated spatial approach[J]. Earth Surface Processes and Landforms, 2003, 28(2): 187-207.

[84] Pennock D J. Terrain attributes, landform segmentation, and soil redistribution[J]. Soil and Tillage Research, 2003, 69(1-2): 15-26.

[85] Meijer A D, Heihman J L, White J G, et al. Measuring erosion in long-term tillage plots using ground-based lidar[J]. Soil and Tillage Research, 2013, 126: 1-10.

[86] Pineux N, Lisein J, Swerts G, et al. Can DEM time series produced by UAV be used to quantify diffuse erosion in an agricultural watershed[J]. Geomorphology, 2017, 280: 122-136.

[87] Doetterl S, Berhe A A, Nadeu E, et al. Erosion, deposition and soil carbon: a review of process-level controls, experimental tools and models to address C cycling in dynamic landscapes[J]. Earth-Science Reviews, 2016, 154: 102-122.

[88] Tsara M, Gerontidis S, Marathianou M, et al. The long-term effect of tillage on soil displacement of hilly areas used for growing wheat in Greece[J]. Soil Use and Management, 2001, 17(2): 113-120.

[89] Heckrath G, Djurhuus J, Quine T A V, et al. Tillage erosion and its effect on soil properties and crop yield in Denmark[J]. Journal of Environmental Quality, 2005, 34(1): 312-324.

[90] Marques da Silva J R, Alexandre C. Soil carbonation processes as evidence of tillage-induced erosion[J]. Soil and Tillage Research, 2004, 78(2): 217-224.

[91] Stewart C M, McBratney A B, Skerritt J H. Site-specific durum wheat quality and its relationship to soil properties in a single field in Northern New South Wales[J]. Precision Agriculture, 2002, 3(2): 155-168.

[92] Van Oost K, Quine T A, Govers G, et al. The impact of agricultural soil erosion on the global carbon cycle[J]. Science, 2007, 318(5850): 626-629.

[93] Alcántara V, Don A, Well R, et al. Deep ploughing increases agricultural soil organic matter stocks[J]. Global Change Biology, 2016, 22(8): 2939-2956.

[94] 张信宝, 李少龙, Quine T, 等. 犁耕作用对 ^{137}Cs 法测算农耕地土壤侵蚀量的影响[J]. 科学通报, 1993, 38(22): 2072-2076.

[95] Quine T A, Walling D E, Zhang. The Role of Tillage in Soil Redistribution within Terraced Fields on the Loess Plateau, China: An Investigation Using Caesium-137[M]. In: K. Banasik and Zbikowski(eds.) Runoff and Sediment Yield Modeling. 1993: 149-155.

[96] Quine T A, Walling D E, Zhang X. Tillage erosion, water erosion and soil quality on cultivated terraces near Xifeng in the Loess Plateau, China[J]. Land Degradation and Development, 1999, 10(3): 251-274.

[97] 王占礼, 邵明安, 李勇. 黄土地区耕作侵蚀过程中的土壤再分布规律研究[J]. 植物营养与肥料学报, 2002, 8(2): 168-172.

[98] 王占礼. 黄土坡地耕作侵蚀及其效应研究[D]. 杨凌: 西北农林科技大学, 2002.

[99] Li Y, Lindstrom M, Li Y, et al. Using ^{137}Cs and ^{210}Pb ex for quantifying soil organic carbon redistribution affected by intensive tillage on steep slopes[J]. Soil and Tillage Research, 2006, 86(2): 176-184.

[100] Li Y, Lindstrom M, Zhang J. Spatial variability patterns of soil redistribution and soil quality on two contrasting hillslopes[J]. Acta Geol Hisp, 2000, 35: 261-270.

[101] Li Y, Lindstrom M J. Evaluating soil quality-soil redistribution relationship on terraces and steep hillslope[J]. Soil Science Society of America Journal, 2001, 65(5): 1500-1508.

[102] 夏积德, 吴发启, 周波. 黄土高原丘陵沟壑区坡地耕作方式对土壤侵蚀的影响研究[J]. 水土保持学报, 2016, 30(4):

64-67, 95.

[103] 张淑英, 黄治江, 代亚利, 等. 坡耕地土壤侵蚀对土壤化学性质的影响[J]. 西北林学院学报, 2008, 23(2): 139-142, 146.

[104] Zhang J H, Li F C. An appraisal of two tracer methods for estimating tillage erosion rates under hoeing tillage[J]. Procedia Environmental Sciences, 2011, 11: 1227-1233.

[105] Su Z A, Zhang J H, Qin F C, et al. Landform change due to soil redistribution by intense tillage based on high-resolution DEMs[J]. Geomorphology, 2012, 175: 190-198.

[106] 李富程, 花小叶, 王彬. 紫色土坡地旋耕机耕作侵蚀特征[J]. 中国水土保持科学, 2016, 14(1): 71-78.

[107] Van Muysen W, Govers G, Bergkamp G, et al. Measurement and modeling the effects of initial soil conditions and slope gradient on soil translocation by tillage[J]. Soil and Tillage Research, 1999, 51: 303-316.

[108] 花小叶. 紫色土退化坡地耕作侵蚀防治技术[D]. 绵阳: 西南科技大学, 2016.

[109] 苏正安. 紫色土坡耕地土壤景观演化对耕作侵蚀的响应[D]. 北京: 中国科学院研究生院, 2010.

[110] Nie X J, Zhang J H, Cheng J X, et al. Effect of soil redistribution on various organic carbons in a water- and tillage-eroded soil[J]. Soil and Tillage Research, 2016, 155: 1-8.

[111] Su Z G, Zhang J H, Nie X J. Effect of soil erosion on soil properties and crop yields on slopes in the Sichuan Basin, China[J]. Pedosphere, 2010, 20(6): 736-746.

[112] Nie X J, Zhang J H, Su Z A. Dynamics of soil organic carbon and microbial biomass carbon in relation to water erosion and tillage erosion[J]. PloS One, 2013, 8(5): e64059.

[113] 苏正安, 张建辉. 耕作导致的土壤再分布对土壤水分入渗的影响[J]. 水土保持学报, 2010, 24(3): 194-198.

[114] 王禹, 杨明义, 刘普灵. 东北黑土区坡耕地水蚀与风蚀速率的定量区分[J]. 核农学报, 2010, 24(4): 790-795.

[115] 方华军, 杨学明, 张晓平, 等. 利用 ^{137}Cs 技术研究黑土坡耕地土壤再分布特征[J]. 应用生态学报, 2005, 16(3): 464-468.

[116] 赵鹏志, 陈祥伟, 王恩姮. 东北黑土区典型坡面耕作侵蚀定量分析[J]. 农业工程学报, 2016, 32(12): 151-157.

[117] 赵鹏志. 黑土区耕作侵蚀及其与碳氮磷分布格局的关系[D]. 哈尔滨: 东北林业大学, 2017.

[118] 张泽洪, 张建辉, 贾立志, 等. 2 种土壤磁性特征及其对磁性示踪实验的影响[J]. 水土保持学报, 2016, 30(1): 58-61, 126.

[119] Deng J, Ma C. Will the existence of channels generated by water affect the amount of soil movement by tillage?[J]. Fresenius Environmental Bulletin, 2019, 28(8): 6027-6034.

[120] Revel J C, Guiresse M, Coste N, et al. Erosion hydrique et entraînement mécanique des terres par les outils dans les côteaux du sud-ouest de la France. La nécessité d'établir un bilan avant toute mesure anti-érosive[M]//Farm Land Erosion. Amsterdam: Elsevier, 1993: 551-562.

[121] Matisoff G, Wilson C G, Whiting P J. The Be-7/Pb-210(xs) ratio as an indicator of suspended sediment age or fraction new sediment in suspension[J]. Earth Surface Processes and Landforms, 2005, 30(9): 1191-1201.

[122] Schimmack W, Auerswald K, Bunzl K. Estimation of soil erosion and deposition rates at an agricultural site in Bavaria, Germany, as derived from fallout radiocesium and plutonium as tracers[J]. Die Naturwissenschaften, 2002, 89(1): 43-46.

[123] De Alba S. Simulating long-term soil redistribution generated by different patterns of mouldboard ploughing in landscapes of complex topography[J]. Soil and Tillage Research, 2003, 71(1): 71-86.

[124] Walling D E, Quine T A. Calibration of caesium-137 measurements to provide quantitative erosion rate data[J]. Land Degradation and Rehabilitation, 1990, 2(3): 161.

[125] Zhang X B, Higgitt D I, Walling D E. A preliminary assessment of the potential for using caesium-137 to estimate rates of soil erosion in the Loess Plateau of China[J]. Hydrological Sciences Journal, 1990, 35(3): 243-252.

[126] Walling D E, Zhang Y J, He Q. Models for converting measurements of environmental radionuclide inventories (^{137}Cs, Excess ^{210}Pb, and ^{7}Be) to estimates of soil erosion and deposition rates(Including software for model implementation)[R]. A contribution to the Inter-national Atomic Energy Agency Coordinated Research Programs on Soil Erosion(D1. 50. 05)and Sedimentation(F3. 10. 01). UK: Department of Geography, University of Exeter, 2007: 1-32.

[127] Lobb D A, Kachanoski R G. Modelling tillage erosion in the topographically complex landscapes of southwestern Ontario, Canada[J]. Soil and Tillage Research, 1999, 51(3): 261-277.

[128] Vieira D A, Dabney S M. Modeling landscape evolution due to tillage: model development[J]. Transactions of the ASABE, 2009, 52(5): 1505-1522.

[129] Van Oost K, Govers G, Van Muysen W, et al. Modelling water and tillage erosion using spatially distributed models[C] // Lang A, Hennrich K, DikauR, eds. long term hill slope and fluvial system modelling. Lecture Notes in Earth Sciences 101. Berlin: Springer, 2003: 101-121.

[130] Sibbesen E, Andersen C E. Soil movement in long-term field experiments as a result of cultivations. II. How to estimate the two-dimensional movement of substances accumulating in the soil[J]. Experimental Agriculture, 1985, 21(2): 109-117.

[131] David M, Follain S, Ciampalini R, et al. Simulation of medium-term soil redistributions for different land use and landscape design scenarios within a vineyard landscape in Mediterranean France[J]. Geomorphology, 2014, 214: 10-21.

[132] Temne A, Claessens L, Veldkamp A, et al. Evaluating choices in multi-process landscape evolution models[J]. Geomorphology, 2011, 125(2): 271-281.

[133] Peeters I, Romnens T, Verstraeten G, et al. Reconstructing ancient topography through erosion modelling[J]. Geomorphology, 2006, 78(3/4): 250-264.

[134] Baartman J E M, Temme A J A M, Schoorl J M, et al. Did tillage erosion play a role in millennial scale landscape development?[J]. Earth Surface Processes and Landforms, 2012, 37(15): 1615-1626.

[135] Dabney S M, Liu Z, Lane M, et al. Landscape benching from tillage erosion between grass hedge[J]. Soil and Tillage Research, 1999, 51: 219-231.

[136] Agus F, Cassel D K, Garrity D P. Soil-water and soil physical properties under contour hedgerow systems on sloping Oxisols[J]. Soil and Tillage Research, 1997, 40(3): 185-199.

[137] Wang Y, Xiong Z, Yan W X, et al. Stabilization of soil aggregates in relation to soil redistribution by intensive tillage on a steep hillslope[J]. Advanced Materials Research, 2014, (955-959): 3566-3571.

[138] 贾立志, 张建辉, 王勇, 等. 耕作侵蚀对紫色土坡耕地土壤容重和有机质二维分布的影响[J], 土壤通报, 2016, 47(6): 1461-1467.

[139] De Alba S, Lindstrom M, Schumacher T E, et al. Soil landscape evolution due to soil redistribution by tillage: a new conceptual model of soil catena evolution in agricultural landscapes[J]. Catena, 2004, 58(1): 77-100.

[140] 王占礼, 邵明安. 黄土坡地耕作侵蚀对土壤养分影响的研究[J]. 农业工程学报, 2002, 18(6): 63-67.

[141] Zhang J H, Wang Y, Li F C. Soil organic carbon and nitrogen losses due to soil erosion and cropping in a sloping terrace landscape[J]. Soil Research, 2015, 53(1): 87-96.

[142] 殷爽, 李毅然, 李露, 等. 黑土团聚体有机碳对耕作与水蚀的响应差异[J]. 中国水土保持科学, 2020, 18(3): 67-73.

[143] 周星魁, 王忠科, 蔡强国. 植被和坡度影响入渗过程的试验研究[J], 山西水土保持科技, 1996, 4: 10-13.

[144] 蒋定生. 黄土高原水土流失与治理模式[M]. 北京: 中国水利水电出版社, 1997.

[145] 石生新. 高强度人工降雨条件下影响入渗速率因素的试验研究[J]. 水土保持通报, 1992, 12(2): 49-54.

[146] Gupta S C, Lowery B, Moncrief J F, et al. Modeling tillage effects on soil physical properties[J]. Soil and Tillage Research, 1991, 20(2-4): 293-318.

[147] Mahboubi A A, Lal R, Faussey N R. 28 years of tillage effects on two soils in Ohio[J]. Soil Science Society of America Journal, 1993, 57(2): 506-512.

[148] Pierce F J, Fortin M C, Staton M J. Periodic plowing effects on soil properties in a no-till farming system[J]. Soil Science Society of America Journal, 1994, 58(6): 1782-1787.

[149] Brandt S A. Zero vs conventional tillage and their effects on crop yield and soil moisture[J]. Canadian Journal of Plant Science, 1992, 72(3): 679-688.

[150] Kosutic S, Husnjak S, Filipovic D, et al. Influence of different tillage systems on soil water availability in the Aphorizon of an albic luvisol and yield in northwest Slavonia, Croatia[J]. Bodenkultur, 2001, 52(3): 215-223.

[151] Paningbatan E P, Ciesiolka C A, Coughlan C W, et al. Alley cropping for managing soil erosion of hilly lands in the Philippines[J]. Soil Technology, 1995, 8(3): 193-204.

[152] Garrity D P. Tree-soil-crop interactions on slopes[A]. In: Ong, C. K. , Huxley, P.(Eds.), Tree -Crop Interactions: A Physiological Approach. CAB International and ICRAF, Wallingford, Oxon, UK[M], 1996: 299-319.

[153] Abrisqueta J M, Plana V, Mounzer, O H, et al. Effects of soil tillage on runoff generation in a Mediterranean apricot orchard[J]. Agricultural Water Management, 2007, 93: 11-18.

[154] Wang Z L, Shao M A. Modeling on erosion in loess region of China[J]. Transactions of the CSAE, 2001, 17(1): 53-57.

[155] 苏正安, 张建辉. 耕作侵蚀及其对土壤肥力和作物产量的影响研究进展[J]. 农业工程学报, 2007, 23(1): 272-278.

[156] 张荣祖. 横断山区干旱河谷[M]. 北京: 科学出版社, 1992.

[157] Govers G, Quine T A, Walling D E. The effect of water erosion and tillage movement on hillslope profile development: a comparison of field observations and model results[M]//Wicherek S. Farm Land Erosion in Temperate Plains Environment and Hills, Amsterdam: Elsevier, 1993: 285-300.

[158] 苏正安, 张建辉, 周维. 川中丘陵区耕作侵蚀对土壤侵蚀贡献的定量研究[J]. 山地学报, 2006, 24(B10): 64-70.

[159] 杨亚川, 莫永京, 王芝芳, 等. 土壤——草本植被根系复合体抗水蚀强度与抗剪强度的试验研究[J]. 中国农业大学学报, 1996, 1(2): 31-38.

[160] 郑子成, 张锡洲, 李廷轩, 等. 玉米生长期土壤抗剪强度变化特征及其影响因素[J]. 农业机械学报, 2014, 45(5): 125-130, 172.

[161] 蔡凡隆, 张军, 胡开波. 四川干旱河谷的分布与面积调查[J]. 四川林业科技, 2009, 30(4): 82-85.

[162] 黄传伟, 牛德奎, 黄顶, 等. 草篱对坡耕地水土流失的影响[J]. 水土保持学报, 2008, 22(6): 40-43.

[163] Fornstrom K J, Brazee R D, Johnson W H. Tillage-tool interaction with a bounded, artificial soil[J]. Transactions of the ASAE, 1970, 13: 409-416.

[164] Karlen D L, Mausbach M J, Doran J W, et al. Soil quality: a concept, definition, and framework for evaluation[J]. Soil Science Society of America Journal, 1997, 61(1): 4-10.

[165] Liu Y J, Wang T W, Cai C F, et al. Effects of vegetation on runoff generation, sediment yield and soil strength on road-side slopes under a simulation rainfall test in the three gorges reservoir area, China[J]. Science of The Total Environment, 2014, 485: 93-102.

[166] Horton R E, Leach H R, Van Vliet R. Laminar sheet-flow[J]. Transactions of the American Geophysical Union, 1934, 15: 393-404.

[167] Li G, Abrahams A D, Atkinson J F. Correction factors in the determination of mean velocity of overland flow[J]. Earth surface Processes and Landforms, 1996, 21(6): 509-515.

[168] Li F C, Zhang J H, Su Z G. Changes in SOC and nutrients under intensive tillage in two types of slope landscapes[J]. Journal of Mountain Science, 2012, 9(1): 67-76.

[169] 陈浩. 降雨特征和上坡来水对产沙的综合影响[J]. 水土保持学报, 1992, 6(2): 17-23.

[170] Zheng F L, Huang C H, Norton L D. Vertical hydraulic gradient and run-on water and sediment effects on erosion processes and sediment regimes[J]. Soil Science Society of America Journal, 2000, 64(1): 4-11.

[171] Ge F L, Zhang J H, Su Z A, et al. Response of changes in soil nutrients to soil erosion on a purple soil of cultivated sloping land[J]. Acta Ecologica Sinica, 2007, 27(2): 459-463.

[172] 李鹏, 李占斌, 郑良勇, 等. 坡面径流侵蚀产沙动力机制比较研究[J]. 水土保持学报, 2005, 19(3): 66-69.

[173] Kinnell P L A. The mechanics of raindrop induced flow transport[J]. Australian journal of soil research, 1990, 28: 497-516.

[174] Huang C, Wells L K, Norton L D. Sediment transport capacity and erosion processes: model concepts and reality[J]. Earth Surface Processes and Landforms, 1999, 24(6): 503-516.

[175] 肖培青, 郑粉莉. 上方来水来沙对细沟侵蚀产沙过程的影响[J]. 水土保持通报, 2001, 21(1): 23-25.

[176] 王占礼, 靳雪艳, 马春艳, 等. 黄土坡面降雨产流产沙过程及其响应关系研究[J]. 水土保持学报, 2008, 22(2): 24-28.

[177] Shi Z H, Fang N F, Wu F Z, et al. Soil erosion processes and sediment sorting associated with transport mechanisms on steep slopes[J]. Journal of Hydrology, 2012, 454: 123-130.

[178] 王志伟, 陈志成, 艾钊, 等. 不同雨强与坡度对沂蒙山区典型土壤坡面侵蚀产沙的影响[J]. 水土保持学报, 2012, 26(6): 17-20, 26.

[179] 陈俊杰, 孙莉英, 刘俊体, 等. 坡度对坡面细沟侵蚀的影响——基于三维激光扫描技术[J]. 中国水土保持科学, 2013, 11(3): 1-5.

[180] 丁文峰, 李勉, 姚文艺, 等. 坡沟侵蚀产沙关系的模拟试验研究[J]. 土壤学报, 2008, 45(1): 32-39.

[181] 侯宁, 王勇, 赵虎, 等. 耕作侵蚀对不同坡度下紫色土侵蚀产沙的影响[J]. 2021, 39(4): 495-505.

[182] Yair A, Klein M. The influence of surface prosperities on flow and erosion processes on Debris covered slopes in an arid area[J]. Catena, 1974, (1): 1-8.

[183] 刘青泉, 陈力, 李家春. 坡度对坡面土壤侵蚀的影响分析[J]. 应用数学和力学, 2001, 22(5): 449-457.

[184] Huang C H, Bradford J M. Analyses of slope and runoff factors based on the WEPP erosion model[J]. Soil Science Society of America Journal, 1993, 57(5): 1176-1183.

[185] 王玲玲, 姚文艺, 王文龙, 等. 黄土丘陵沟壑区多尺度地貌单元输沙能力及水沙关系[J]. 农业工程学报, 2015, 31(24): 120-126.

[186] 雷廷武, 张晴雯, 赵军, 等. 确定陡坡细沟侵蚀含沙量的解析方法[J]. 农业工程学报, 2001, 17(6): 5-8.

[187] 雷廷武, 张晴雯, 赵军, 等. 确定侵蚀细沟集中水流剥离速率的解析方法[J]. 土壤学报, 2002, 39(6): 788-793.

[188] 张晴雯, 雷廷武, 姚春梅, 等. WEPP 细沟剥蚀率模型正确性的理论分析与实验验证[J]. 农业工程学报, 2004, 20(1): 35-39.

[189] 陈浩. 坡度对坡面径流深、入渗量影响的试验研究[C]. 晋西黄土高原土壤侵蚀规律实验研究文集. 北京: 水利电力出版社, 1990.

[190] 陆兆熊. 黄土抗剪力及可蚀性的时空变化规律[C]. 晋西黄土高原土壤侵蚀规律实验研究文集. 北京: 水利电力出版社, 1990.

[191] 史德明. 红壤地区土壤侵蚀及防治[M]//李庆逵. 中国红壤. 北京: 科学出版社, 1983: 237-258.

[192] 靳长兴. 坡度在坡面侵蚀中的作用[J]. 地理研究, 1996, 15(3): 57-63.

[193] Meyer L D. Erosion Processes and Sediment Proper ties for Agricultural Cropland[A]. Abrahams AD. Hillslope Processes(LD)[C]. Allen and Unwin, 1986.

[194] Musgrave G W. Quantitative evaluation of factors in water erosion-a first approximation[J]. Journal of Soil and Water Conservation, 1947, 2(1): 3-7.

[195] Kirkby M J. Erosion by Water on Hillslope. in Choriey R J(ED) Water. Earth and Man. Methuen. London. 1969.

[196] 陈法扬. 不同坡度对土壤冲刷量影响的实验[J]. 中国水土保持, 1985, (2): 18-19.

[197] 靳长兴. 论坡面侵蚀的临界坡度[J]. 地理学报, 1995, 50(3): 234-239.

[198] 张会茹, 郑粉莉, 耿晓东. 地面坡度对红壤坡面土壤侵蚀过程的影响研究[J]. 水土保持研究, 2009, 16(4): 52-54, 59.

[199] 张会茹, 郑粉莉. 不同降雨强度下地面坡度对红壤坡面土壤侵蚀过程的影响[J]. 水土保持学报, 2011, 25(3): 40-43.

[200] 严冬春, 文安邦, 史忠林, 等. 川中紫色丘陵坡耕地细沟发生临界坡长及其控制探讨[J]. 水土保持研究, 2010, 17(6): 1-4.

[201] Lobb D A, Kachanoski R G. Modelling tillage translocation using step, linear-plateau and exponential functions[J]. Soil and Tillage Research, 1999, 51(3): 317-333.

[202] 关君蔚. 水土保持原理[M]. 北京: 中国林业出版社, 1995: 54-71.

[203] 吴淑芳, 吴普特, 宋维秀, 等. 坡面调控措施下的水沙输出过程及减流减沙效应研究[J]. 水利学报, 2010, 41(7): 870-875.

[204] 吴普特. 动力水蚀实验研究[M]. 西安: 陕西科学技术出版社, 1997.

[205] 郑粉莉, 唐克丽, 周佩华. 黄土高原坡耕地细沟侵蚀发生、发展及其防治途径[J]. 水土保持学报, 1987, 1(1): 35-38.

[206] 刘青泉, 李家春, 陈力, 等. 坡面流及土壤侵蚀动力学(II)——土壤侵蚀[J]. 力学进展, 2004, 34(4): 493-506.

[207] 刘利春, 王春英, 李阁斌. 引龙河农场水蚀沟的成因、危害与防治措施[J]. 黑龙江水专学报, 2003, 30(3): 90-91.

[208] 宋春联, 白艳双. 建边农场水蚀沟的防治措施[J]. 现代农业, 2005, 8: 14-15.

[209] 岳鹏, 史明昌, 杜哲, 等. 激光扫描技术在坡耕地土壤侵蚀监测中的应用[J]. 中国水土保持科学, 2012, 10(3): 64-68.

[210] 肖海, 夏振尧, 朱晓军, 等. 三维激光扫描仪在坡面土壤侵蚀研究中的应用[J]. 水土保持通报, 2014, 34(3): 198-200.

[211] 张利超, 杨伟, 李朝霞, 等. 激光微地貌扫描仪测定侵蚀过程中地表糙度[J]. 农业工程学报, 2014, 30(22): 155-162.

[212] Revel, J. C. and Guiresse, M. Erosion due to cultivation of calcareous clay soils on the hillsides of south west France. 1. Effect of former farming practices[J]. Soil and Tillage Research, 1995, 35(3): 147-155.

[213] Van Muysen, W. and Govers, G. Soil displacement and tillage erosion during secondary tillage operations: the case of rotary harrow and seeding equipment[J]. Soil and Tillage Research, 2002, 65(2): 185-191.

[214] St Gerontidis, D. V., Kosmas, C., Detsis, B., Marathianou, M., Zafifirious, T. and Tsara, M. The effect of moldboard plow on tillage erosion along a hillslope[J]. Journal of Soil and Water Conservation, 2001, 56: 147-152.

[215] De Alba, S. Modelling the effects of complextopography and patterns of tillage on soil translocation by tillage with mouldboard plough[J]. Journal of Soil and Water Conservation, 2001, 56, 335-345.

[216] Heckrath G, Halekoh U, Djurhuus J, et al. The effect of tillage direction on soil redistribution by mouldboard ploughing on complex slopes[J]. Soil and Tillage Research, 2006, 88(1-2): 225-241.

[217] Van Oost K, Van Muysen W, Govers G, et al. From water to tillage erosion dominated landform evolution[J]. Geomorphology, 2005, 72(1/4): 193-203.

[218] Quine, T. A., Govers, G., Poesen, J., et al. Fine-earth translocation by tillage in stony soils in the Guadalentin, south-east Spain: an investigation using caesium-134. Soil and Tillage Research, 1999, 51: 279-301.

[219] Marques da Silva J R, Soares J M C N, Karlen D L. Implement and soil condition effects on tillage-induced erosion[J]. Soil and Tillage Research, 2004, 78(2): 207-216.

[220] Thapa B B, Cassel D K, Garrity D P. Ridge tillage and contour natural grass barrier strips reduce tillage erosion 1[J]. Soil & Tillage Research, 1999, 51(3-4): 341-356.

[221] Rymshaw E, Walter M F, Van Wambeke A. Processes of soil movement on steep cultivated hill slopes in the Venezuelan Andes[J]. Soil and Tillage Research, 1997, 44(3/4): 265-272

[222] Thapa, B. B., Cassel, D. K. and Garrity, D. P. Assessment of tillage erosion rates on steepland Oxisols in the humid tropics using granite rocks[J]. Soil and Tillage Research, 1999(b), 51: 233-243.

[223] Kimaro D N, Deckers J A, Poesen J, et al., Short and medium term assessment of tillage erosion in the Uluguru Mountains, Tanzania[J]. Soil and Tillage Research, 2005, 81: 97-108.

[224] 粮农组织政府间土壤技术小组. 《世界土壤资源状况》, 2015.

[225] 土壤侵蚀影响环境, 表现出一系列环境效应, 影响人类的生产与生活. https://baijiahao.baidu.com/s?id=1700540461484891067&wfr=spider&for=pc.

[226] Reicosky D C, Lindstrom M J, Schumacher T E, et al. Tillage-induced CO2 loss across an eroded landscape[J]. Soil and Tillage Research, 2005, 81(2): 183-194.

[227] 聂小军, 徐小涛. 耕作侵蚀对农田坡地景观影响的研究进展[J]. 水土保持研究, 2010, 17(5): 254-260.

[228] Lobb D A. Soil erosion processes on shoulder slope landscape positions[D]. Guelph: University of Guelph, 1991.

[229] Nie X J, Zhang J H, Su Z G. Intensive tillage effects on wheat production on a steep hillslope in the Sichuan Basin, China[C]//2009 International Conference on Environmental Science and Information Application Technology. Wuhan, China. IEEE, 2009: 635-638

[230] Schumacher T E, Lindstrom M J, Schumacher J A, et al. Modeling spatial variation in productivity due to tillage and water erosion[J]. Soil and Tillage Research, 1999, 51(3): 331-339.

[231] 李采鸿. 发展机械化保护性耕作促进农业可持续发展[J]. 农机使用与维修, 2018, (5): 76-77.